圈养大熊猫
肠道细菌耐药性研究

■ 主编 李才武 邹立扣

四川科学技术出版社

·成都·

图书在版编目（ＣＩＰ）数据

圈养大熊猫肠道细菌耐药性研究 / 李才武, 邹立扣
主编. — 成都：四川科学技术出版社, 2020. 2
ISBN 978-7-5364-9740-5

Ⅰ.①圈…　Ⅱ.①李…　②邹…　Ⅲ.①大熊猫－肠道
细菌－抗药性－研究　Ⅳ.①S858.9

中国版本图书馆CIP数据核字(2020)第031134号

圈养大熊猫肠道细菌耐药性研究

主　　编　李才武　邹立扣
出 品 人　钱丹凝
责任编辑　李　栎
责任校对　吴晓琳
封面设计　灯　火
责任出版　欧晓春
出版发行　四川科学技术出版社
　　　　　成都市槐树街2号 邮政编码 610031
　　　　　官方微博：http://e.weibo.com/sckjcbs
　　　　　官方微信公众号：sckjcbs
　　　　　传真：028-87734039
成品尺寸　185mm×260mm
印　　张　22.5
字　　数　400千
印　　刷　四川华龙印务有限公司
版　　次　2020年2月第一版
印　　次　2020年2月第一次印刷
定　　价　293.00元

ISBN 978-7-5364-9740-5

邮购：四川省成都市槐树街2号　邮政编码：610031　电话：028-87734035

编　委　会

致谢：感谢中国大熊猫保护研究中心大熊猫兽医（王承东、吴虹林、邓林华、成彦曦、何鸣、王茜等）、饲养师（李果、魏明、周宇、何胜山、刘晓强等）及其他相关工作人员对本书的大力支持；感谢与中国大熊猫保护研究中心开展大熊猫交流合作的相关单位的大力支持！

基金资助：大熊猫国家公园珍稀动物保护生物学国家林业和草原局重点实验室开放基金项目（中国大熊猫保护研究中心，项目编号KLSFGAGP 2020.003）、大熊猫国家公园珍稀动物保护生物学国家林业和草原局重点实验室项目（中国大熊猫保护研究中心，项目编号CCRCGP 181918、CCRCGP 181913）、大熊猫国际合作资金项目（项目编号GH 201714）。

主 编 简 介

李才武

▶ 男，1981年1月生，重庆市忠县人，兽医硕士，高级工程师，四川农业大学专业硕士研究生指导导师，成都市科技青年联合会会员。2005年7月到中国大熊猫保护研究中心工作至今，主要从事大熊猫繁育、野化放归、疾病防控等研究工作，治疗大熊猫各类疾病数百例，业绩突出，主持科研项目4项，参与科研项目数十项，参与了行业标准《野外大熊猫救护及放归规范》撰写，发表科研论文40余篇。

▶ 男，1979年1月生，江苏省泰州市人，教授，博士研究生指导导师，四川省学术和技术带头人；任四川省微生物学会理事、成都市科技青年联合会副主席、联合国粮食及农业组织（FAO）耐药性专家委员会专家及四川省食品安全专家委员会委员等。主要从事细菌耐药性、微生物资源利用等研究，获国家科学技术进步奖二等奖1项，四川省科学技术进步奖二等奖1项、三等奖1项。

邹立扣

前　言

　　大熊猫（*Ailuropoda melanoleuca*）是生物多样性保护的旗舰物种，属于国家一级保护动物，现主要分布于四川、甘肃、陕西三省，是我国特有的珍稀易危物种。全国第四次大熊猫调查结果显示，截至 2013 年底，全国野生大熊猫种群数量为 1 864 只，而全国圈养大熊猫种群数量为 375 只，到 2019 年底，全国圈养大熊猫的种群数量已经达到 600 只。大熊猫趋于易危的主要原因之一是疾病，据报道，在圈养大熊猫常见疾病中，消化道疾病占 50% 以上，消化道疾病大多都是因为正常菌群失衡、病原菌感染所致。消化道致病菌会影响大熊猫消化道营养消化和免疫水平，引起大熊猫消化道疾病，威胁大熊猫健康。

　　动物消化道中的菌群很多，它们相互协调共同维持机体消化道的正常生理功能。消化道菌群对宿主的消化、免疫和抗病等功能具有重要的影响。如今，对动物和人肠道微生物菌群的研究已成为全世界研究的热点。当动物出现肠道细菌疾病时，临床一般使用抗生素来治疗。目前抗生素被广泛应用于动物疾病的防治。但随着抗生素的广泛、大剂量使用，细菌对抗生素产生抗性，耐药菌株也日益增多，并出现了多重耐药的现象。近年来，细菌对抗生素的耐药性已引起了世界各国的广泛关注。

　　大熊猫肠道内定居着大量微生物，与其消化生理、健康、疾病的发生有着密切的关系，伴随宿主终身的肠道微生物对大熊猫的健康起着至关重要的作用，对大熊猫保护具有非常重要的意义。肠道菌群对于维持肠道正常功能和防止肠道疾病发生显得尤为重要。肠道微生物区系的建立是一个长期和复杂的与宿主共同演化的结果。在健康状态下，肠道微生物菌群在宿主体内呈动态平衡。当正常微生物群落受到药物、外环境、生活方式等影响，其菌群结构和数量、活性变得异常或发生定位转移时，就表现出菌群失调，肠道微环境平衡被破坏，宿主致病。

　　圈养大熊猫与人类和其他动物一样，会受到各种疾病的困扰，为了有效防控和治疗，避免不了抗生素的使用。随着抗生素的使用，动物的肠道微生物对一些常用抗生素的耐药性逐渐增强，给临床治疗带来很大困难。目前，对大熊猫消化道微生物耐药性的系统性、全面性的研究还较少，给细菌性感染尤其是耐药菌感染的治疗带来了极大的困难。研究表明，大肠埃希菌、肠球菌、链球菌等是大熊猫肠道菌群的优势菌群，作为肠道指示菌，其数量、种类等的变化直接关系到大熊猫肠道菌群的平衡，同时也是重要的条件致病菌。此外，肺炎克雷伯菌、沙门菌、金黄色葡萄球菌等是引起大熊猫肠道疾病的常见病原菌，当大熊猫出现肠道病原菌感染性疾病时，临床一般使用抗生素来治疗。如果治疗用药不正确，会给大熊猫带来巨大伤害，甚至可导致其死亡。

本研究对174只大熊猫肠道细菌进行分离、鉴定，调查其对抗生素的耐药性情况，并建立圈养大熊猫抗生素耐药情况个体档案，探明大熊猫肠道细菌耐药谱，有助于科学使用抗生素，合理制定圈养大熊猫抗生素使用规则，防控圈养大熊猫肠道细菌感染性疾病。现将本研究结集出版，奉献给广大读者，旨在为圈养大熊猫的疾病防控提供依据，并与同行交流。囿于水平和时间，难免有疏漏和不足之处，恳请读者予以指正。

编　者

2020 年 2 月

目　录

1 引 言

1.1 细菌耐药机制

　　细菌对抗生素耐药性可分为三大类：固有耐药、自适应耐药和获得性耐药。固有耐药即天然耐药或通过突变产生的耐药，是细菌染色体遗传基因介导的耐药，代代相传，不易改变。对抗生素的自适应耐药是由于环境改变引起抗生素的耐药基因或蛋白质表达水平改变。获得性耐药是细菌在抗菌药物选择性压力作用下发生基因突变，或者是细菌在生长繁殖过程中产生一些可移动遗传元件（转座子、整合子、质粒及噬菌体等）而获得，这些可移动遗传元件可造成耐药性在敏感菌中传播。获得性耐药主要是由于细菌基因组层面的遗传变化，是正常细胞基因突变或选择的结果，或者是从其他细菌获得编码耐药性的遗传因子。

　　细菌通过多种机制来中和抗生素的作用，这个取决于药物、药物的作用位点、细菌种类以及耐药性的获得方式。细菌主要通过以下四种不同的生化机制对抗生素产生耐药性（图1-1）。

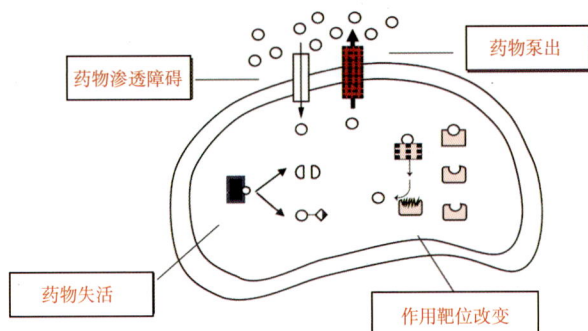

图1-1　抗生素耐药机制示意图

（1）产生灭活酶或钝化酶，修饰药物使其失活

细菌可借助自身的耐药因子合成水解酶、钝化酶等，使药物在尚未发挥效用时失效。质粒和染色体上可表达这些酶，产生灭活酶或钝化酶是细菌产生耐药性的最重要因素，产酶菌通常具有显著耐药性，引起临床上抗生素治疗的失败。

酶的失活机制是细菌对天然抗生素如 β–内酰胺类抗生素、氨基糖苷类抗生素和氯霉素类抗生素等的重要耐药机制。这些酶通过修饰药物的活性基团，使得药物不能和它的靶位相结合从而失去抗菌活性。众所周知，产生 β–内酰胺酶就是细菌对 β–内酰胺类药物耐药的重要机制，该酶可以通过水解 β–内酰胺类抗生素的核心基团 β–内酰胺环的 C—N 键，使得其不能和青霉素结合蛋白（PBP）结合，阻断细菌细胞壁合成过程。β–内酰胺酶编码基因可位于细菌染色体、质粒或转座子上，能被细菌分泌进入细胞周质间隙或胞外。由于革兰阴性菌可限制 β–内酰胺酶进入胞外并且有孔道限制进入细胞，因此在革兰阴性菌即使有比革兰阳性菌更低水平的酶也易于使它产生耐药性。不像膜孔蛋白的突变会使得很多类药物产生耐药性，各种 β–内酰胺酶及亚型对内酰胺类药物及其衍生物具有高度特异性。

（2）细菌细胞膜渗透性改变，造成抗生素的渗透障碍

细菌本身细胞壁的阻碍作用和细胞膜通透性的改变，可使很多抗生素如磺胺类抗生素、四环素类抗生素和部分氨基糖苷类抗生素等无法达到细菌内靶位，从而产生耐药性，这属于细菌自身的防御机制，主要存在于革兰阴性菌，这是由于革兰阴性菌细胞壁黏肽层外有类脂双分子层组成的外膜特殊结构。在外膜上存在着多种孔蛋白，在编码孔蛋白的基因发生突变或缺失时，造成孔蛋白表达受阻，孔蛋白缺失、数量减少，特异性通道发生改变等，药物进入菌体受到抑制，促使耐药性的产生（图1-2）。亲水性药物通常通过外膜上的膜孔进入革兰阴性菌细胞，而疏水性药物通过磷脂进入。外膜孔（omps）为外源性分子进入革兰阴性菌的细胞膜提供通道，而这个也有赖于分子所带电荷、形状和大小，这也是为什么有的药物如万古霉素对革兰阳性菌作用较好，而对革兰阴性菌无效。此外，细菌生物膜（biofilm）的产生也是耐药性形成的重要原因之一，不携带耐药基因的敏感菌一旦形成生物膜，对抗生素的敏感状态会大幅下降。

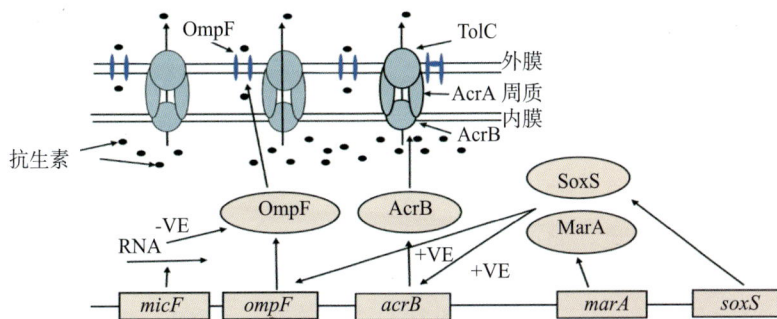

图 1-2　孔蛋白与外排泵及相关调节因子的关系

（3）抗生素作用靶位的改变，导致药物和靶位点的亲和力下降

细菌菌体内有许多抗生素的结合位点，细菌通过改变抗生素结合部位的靶蛋白，如核糖体或蛋白发生突变，或经细菌本身的酶修饰后使抗生素无法识别，以及 DNA 螺旋酶和青霉素结合蛋白（PBP）结构改变，进而与抗生素的亲和力下降，导致抗菌作用失败。靶位改变是革兰阳性菌对 β - 内酰胺类抗生素耐药的重要耐药机制之一，当 PBP 的结构改变之后就失去了和药物结合的能力，如金黄色葡萄球菌的 *mecA* 基因。*mecA* 基因是编码青霉素结合蛋白 PBP2a 的结构基因，细菌对氟喹诺酮类药物耐药通常会涉及靶位的突变而失去结合力，其靶蛋白 DNA 拓扑异构酶基因如 *gyrA*、*gyrB* 和 *par*C 的喹诺酮类药物耐药决定区（QRDR）的多个突变会导致高水平耐药的出现。

（4）外排泵的外排作用，细菌将抗生素泵出细菌外

外排泵是介导外排活性的跨膜转运蛋白，在敏感菌和耐药菌中均存在。外排泵的活化是细菌对四环素类、氟喹诺酮类和大环内酯类药物耐药的重要机制。活化的外排泵系统是一种能量依赖系统，能够使进入菌体的药物迅速排出，导致进入菌体细胞的药物浓度降低。革兰阴性菌一般由染色体编码外排泵基因，并且多数菌株携带有多种外排泵的遗传决定因子，建立起对多种药物耐药的一定水平的固有耐药。有些外排泵对底物结构的要求有限制，如大肠埃希菌的 TetB 四环素外排泵只是特异性转移四环素，但是大多数外排泵对底物没有特异性，因此可以导致多重耐药（multidrug resistant，MDR）的发生。

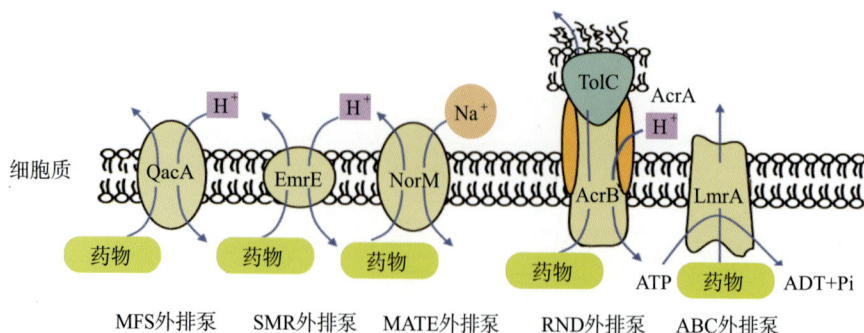

图1-3　细菌外排泵示意图

1.2 大熊猫肠道细菌耐药性研究进展

众所周知，大熊猫（*Ailuropoda melanoleuca*）是我国特有的珍稀野生动物，被誉为中国的"国宝"。据国家林业和草原局最新公布的调查数据，野生大熊猫现存数量在 1 864 只左右，截至 2019 年底，圈养大熊猫的种群数量达到 600 只，它们仍处于易危的边缘。据报道，长期人工圈养的大熊猫（特别是幼年大熊猫和老龄化大熊猫）大多免疫力低下，抗细菌感染的能力相对较弱，对其疾病的防治目前仍以药物为主。然而，抗生素的频繁使用必定导致耐药性菌株的出现，这将会给大熊猫的疾病防治及繁殖工作带来很大的难度。

目前，关于大熊猫肠道细菌耐药性的研究较少。2010 年，国外 Boedeker 等人从一只眼部患严重急性肿胀和右乳膜突出的 10 岁雄性大熊猫的乳膜组织中，培养出嗜麦芽窄食单胞菌和肠球菌属细菌，发现培养出的细菌具有广泛的耐药性。根据药物敏感性（简称药敏）结果开始局部和全身抗生素治疗，所有治疗效果均良好。

国内关于大熊猫肠道细菌耐药性的研究开展较早，如曾瑜虹等于 2008 年从"四川卧龙大熊猫研究中心"和"雅安碧峰峡野生动物园"的圈养大熊猫肠道中分离得到大肠埃希菌，并用药敏纸片扩散(Kirby-Bauer, K-B)法对菌株的耐药性进行了研究，发现该菌株耐药率普遍较低，主要对链霉素和卡那霉素耐药。

2010 年，俞道进等运用微量肉汤稀释法测定大熊猫源性高水平耐氨基糖苷类肠球菌（HLARE）的耐药表型（主要针对氨苄西林、万古霉素、红霉素、土霉素、氯霉素和环丙沙星 6 种常见抗菌药物），同时结合聚合酶链式反应（PCR）方法检测了耐药基因型，发现 *aac(6')-Ie-aph(2')-Ia* 为主要耐药基因，检出率达到 64.29%。

2012 年，严悦等首次利用全基因组技术对野生大熊猫肠道耐药菌进行耐药机制的初步分析，该细菌基因组与阴沟肠杆菌同源性很高，并对氨苄西林和卡那霉素均具有很高的耐受能力，同时获得了两个大小为 5 499 bp 和 324 kb 的质粒。同年，李蓓、邹立扣等利用 K-B 法更具体地对分离到的大肠埃希菌进行了详细的耐药表型分析。研究表明，该类菌株主要耐药情况按耐药率由高至低依次为：四环素类抗生素 (55.6%) > 青霉素类抗生素 (26.7%) > 磺胺类抗生素 (18.9%) > 喹诺酮类抗生素 (10.0%) > 头孢类抗生素 (7.8%) > 氨基糖苷类抗生素 (1.1%)，多重耐药比较普遍。

2014 年，高彤彤从大熊猫肠道共分离 125 株大肠埃希菌，采用 K-B 法检测了菌株对 18 种抗菌药物的药物敏感性。结果显示，125 株大肠埃希菌对 β - 内酰胺类药物氨苄西林、头孢唑林和非 β - 内酰胺类药物四环素类、复方新诺明耐药较严重，菌株对头孢西丁等 13 种药物耐药率较低。同时，对 β - 内酰胺类耐药基因（*bla*_{TEM}、*bla*_{SHV}、*bla*_{CTX-M}、*bla*_{OXA}、*ampC*）进行了分子流行病学调查，结果表明菌株携带的耐药基因较少。同年，郭莉娟、邹立扣等对大熊猫肠道分离的 88 株大肠埃希菌、32 株肺炎克雷伯菌对季铵盐类消毒剂 BC、CTPC、CTAB 及 DDAC 的最小抑菌浓度（minimum inhibitory concentration，MIC）进行测定，并检测了消毒剂的耐药基因。值得一提的是，该研究检测到了可移动遗传元件介导的消毒剂耐药基因，如 *qacEΔl*、*sugE(p)*、*emrE* 等，表明大熊猫肠道细菌对消毒剂也存在某种程度上的耐受。李蓓、邹立扣等再次对中国大熊猫保护研究中心的 64 只大熊猫进行了肠道细菌耐药性监测，优势菌中的大肠埃希菌和沙门菌产生了 17 种耐药谱，其中 AML 和 AML-TET 谱型占优势。

2015 年，郝中香等研究了不同生境大熊猫源肠球菌的耐药性。该研究发现大熊猫源肠球菌对大部分抗生素产生了耐药性，耐药性差异主要体现在肠球菌的种类上，大熊猫的生存环境和方式等对其影响相对较小，从侧面反映出目前给予圈养大熊猫使用的抗菌药物较为科学、合理。同年，闫国栋等采用 K-B 法对 50 株大熊猫粪源大肠埃希菌进行了 13 种抗菌药物的药物敏感性试验，并利用 PCR 测序法检测了 Ⅰ、Ⅱ、Ⅲ型整合酶基因，进一步对阳性菌株可变区的基因盒序列鉴定分析，检测出了介导氨基糖苷类和磺胺 — 甲氧苄啶耐药的 *aadA* 和 *dfrA* 基因家族，表明大熊猫粪源大肠埃希菌携带多种耐药基因。杨慧萍等（2015）对大熊猫肠道中的 " 益生菌 "——

双歧杆菌进行了耐药性分析（红霉素、氯霉素），以评估该益生菌的遗传稳定性。研究表明：大熊猫源双歧杆菌分离株在体外生长良好，不是广谱的耐药菌株。郭莉娟、邹立扣等（2015）从 61 只大熊猫中分离 88 株大肠埃希菌，研究发现 44.6% 的菌株至少对一种抗生素耐药，bla_{CTX-M}、$sul1$ 耐药基因检出率达到 88.2% 和 92.3%。

2016 年，李进等在研究大熊猫肠道中芽孢杆菌对纤维素的降解能力的同时，对该类菌进行了耐药性分析，研究表明：该类菌整体药物耐受率低，对该类菌抑菌效果良好。

2017 年，刘晓强等通过分析大熊猫源大肠埃希菌诱导耐药菌株的靶位基因 $gyrA$ 和 $parC$ 耐药决定区 (QRDR) 的基因突变情况，采用外排泵抑制剂苯丙氨酸 - 精氨酸 -β- 萘酰胺 (PAβA) 和实时荧光定量 PCR 方法，探讨外排泵在体外耐药中的作用。该研究发现：大熊猫致病性大肠埃希菌多重耐药性主要由靶基因的点突变和外排泵基因的过量表达所导致。同年，Ren L 等（2017）通过核苷酸序列分析鉴定了样本中的志贺菌菌株。结合 K-B 法测定了志贺菌菌株的药物敏感性。同时，采用 PCR 检测志贺菌中 CRISPR 相关蛋白基因 $cas1$ 和 $cas2$，并对其产物进行测序比较来检测大熊猫粪便中志贺菌的耐药性，探讨志贺菌耐药的原因。研究表明：CRISPR 系统广泛存在于志贺菌中，与大肠埃希菌具有同源性。$cas1$ 和 $cas 2$ 突变有助于不同程度的抵抗，点突变可能影响细菌的耐药性，引起多重耐药的出现，并增加耐药的类型。

2018 年，覃振斌等采用双纸片和 K-B 法对分离自圈养大熊猫粪便 (n=96 株) 和生活环境 (n=29 株) 的大肠埃希菌菌株进行了产超广谱 β – 内酰胺酶 (ESBLs) 菌株筛选和耐药性检测，PCR 及测序法检测菌株 ESBLs 耐药基因型，对 ESBLs 及其相关耐药基因在大熊猫粪便源和环境源大肠埃希菌的流行状况进行了总结。研究发现，产 ESBLs 菌株较广泛存在于大熊猫粪便源和环境源大肠埃希菌中，这些菌株具有更严重和复杂的耐药表型，其 ESBLs 基因型主要为 bla_{TEM} 和 bla_{CTX-M}。

2019 年，高彤彤等对圈养大熊猫肠道大肠埃希菌耐药性、产 ESBLs 及其基因型特性进行了分子流行病学调查。结果表明，圈养大熊猫粪源大肠埃希菌耐药性较严重，产 ESBLs 检出率较高，以 bla_{TEM}、bla_{CTX-M} 和 bla_{OXA} 基因型为主。同年，纪雪等对患病大熊猫分离的致病性大肠埃希菌和健康大熊猫分离的大肠埃希菌进行了耐药性和毒力相关基因的比较分析，除 ESBLs 表型确认外，通过多重 PCR 方法确定了相关菌株的质粒型。邓雯文等（2019）对一株从大熊猫血尿样品中分离的致病性大肠埃希菌（ *Escherichia coli* CCHTP ）进行全基因组测序。研究发现，大肠埃希菌中存在多种类型的耐药基因，其中外排泵系统基因数量最多，包括 $mdfA$、$emrE$

和 *mdtN* 等介导多重耐药外排泵的基因。对 19 个基因岛分析发现，基因岛 GIs011 和 GIs017 中各有一段包含耐药和毒力基因的序列，两侧与可移动遗传元件（转座酶、插入序列）相连，这些结构可能介导耐药及毒力基因水平转移。

综上可知：

（1）在大熊猫肠道细菌耐药性研究上，主要运用 K-B 法研究菌株的耐药表型，利用 PCR 检测菌株的耐药基因。近年来，随着测序技术的发展，全基因组测序（whole genome sequencing，WGS）技术也被应用到大熊猫相关肠道耐药菌株的基因组结构及耐药机制研究当中。

（2）目前，大熊猫肠道耐药菌株的研究主要涉及大肠埃希菌、肠球菌及肺炎克雷伯菌等，而在大熊猫肠道细菌耐药性方面数据不多，研究不够系统，亟待深入、系统的研究。

2 研究方法

2.1 样品采集

使用一次性无菌手套采集新鲜大熊猫粪便样品装于无菌采样袋中，封好后放置于带冰袋的有盖的保温箱中，密封好后在无菌条件下运回实验室，4℃保存，24 h内进行样品处理。

2.2 肠道细菌分离鉴定

为防止污染样品，在无菌条件下打开样品包装。每个样品称取 5 g 加入 45 mL BPW 和 TSB 溶液中充分振荡（样品与增菌培养溶液的比例为 1∶9）。

（1）样品与 BPW 增菌液置 37℃、100 r/min 条件下培养 18 h 后，将 5 mL 和 5 μL BPW 增菌液分别转入 50 m LTT 和 RV 中,42℃ 振荡培养 24 h 后，分别挑取 TT 和 RV 增菌液划线接种到 XLD 和 XLT4 培养基上并于 37℃ 培养 18~24 h。

（2）将 TSB 菌液分别划线接种于 TSA、伊红美蓝、麦康凯、肠球菌和西柠檬酸盐鉴别 / 筛选培养基，于 37℃ 培养 18~24 h。从培养基上选择典型的生长良好的菌落划线到 TSA 琼脂平板，于 37℃ 培养 18~24 h，进行纯化培养。菌株储存于含 18% 甘油的 TSB 培养基中，－80℃ 保存备用。

（3）分离纯化的细菌用德国布鲁克公司生产的基质辅助激光解析电离飞行时间质谱仪（MALDI-TOF-MS/MS）进行菌种鉴定，部分菌株辅助使用 16S rRNA 序列进行分子鉴定。

2.3 细菌耐药性检测

2.3.1 菌悬液制备

取用保存的菌种及质控菌株，于 TSA 固体培养基上划线后 37℃ 培养过夜，棉签蘸取单菌落 3~5 个，加入 3 mL 生理盐水，使细菌菌悬液为 0.5 麦氏比浊浓度，再将菌悬液稀释 1/10。

2.3.2 含抗生素平板制备

配制 MHA 培养基，121℃ 灭菌 30 min 后置于 55℃ 恒温水浴锅。采用二倍稀释法将抗生素稀释成不同浓度，不同的抗生素稀释所用的溶质可能有所不同，根据抗生素种类确定。抗生素浓度梯度可根据 "Performance Standards for Antimicrobial Susceptibility Testing; Twenty-ninth Informational Supplement"（CLSI, 2019）进行设定。将不同浓度抗生素溶液分别加到 MHA 培养基中，混匀后倾倒入灭菌培养皿。每个浓度重复 3 次。

2.3.3 药敏试验

采用 MIT-60P 型多点接种仪将菌液接种到含抗生素的 MHA 平板表面，每个接种点接种量为 1 μL，每个接种点细菌数约为 10^4 CFU/mL，接种好后置 37 ℃ 条件下培养 18~24 h，每组重复 3 次。大肠埃希菌（*E.coli*） ATCC 25922、粪肠球菌 ATCC 29212、*E.coli* ATCC 10536、*E.coli* ATCC 35218 作为质控菌。

2.3.4 结果观察

将平板置于黑色无反光背景上判读实验终点，即够抑制培养基内细菌生长的最低浓度，即为抗生素的最小抑菌浓度 (minimum inhibitory concentration, MIC)。

2.3.5 耐药基因检测

取适量的菌落于无菌离心管中，加入无菌去离子水 700 μL，振荡混匀，将离心管于金属浴上煮沸 10~20 min，12 000 r/min 离心 5 min，取上清液作为 PCR 模板备用。检测的抗生素耐药基因包括 *tetA*、*tetB*、*tetC*，*aph(3')-IIa*、*aac*(6')-*Ib*、*ant(3')-Ia*、*aac(3')-IIa*，*sul1*、*sul2*、*sul3*，*bla*$_{CMY-2}$、*bla*$_{TEM}$、*bla*$_{SHV}$、*bla*$_{CTX-M}$，*qnrA*、*qnrB*、 *qnrS*、*qepA* 等、消毒剂耐药基因基因包括 *qacEΔ1*、*qacE*、*qacG*、*qacF*、*sugE(p)* 等，电泳检测耐药基因。

2.3.6 宏基因组测序及分析

2.3.6.1 DNA 提取及宏基因组测序

使用 MO-BIO 公司的 PowerFecal® DNA Isolation Kit（MOBIO Laboratories, Inc.）DNA 提取试剂盒对采集的粪便进行 DNA 提取。提取步骤严格按照试剂盒 DNA 提取说明书步骤进行。获得的 DNA 进行质量检测，检测合格后送美吉生物公司（Major, Inc.）进行测序，测序平台为 Illumina Hiseq 测序平台。

2.3.6.2 数据质控

使用 SeqPrep（https://github.com/jstjohn/SeqPrep）截去 3 ' 和 5 ' 端的 Barbode，同时剔除低质量的读取（如长度 <50 bp 或质量值 <20 或有 N 个碱基）（https://github.com/najoshi/sickle），同时去除宿主及无关的基因组。使用基于 De bruijn-graph 的汇编器 SOAPdenovo（http://soap.genomics.org.cn, Version 1.06）组装短读。每个样本的 K-mers 的读长在 1/3~2/3。保留长度超过 500 bp 的支架进行统计学检验，我们对每个装配产生的支架的质量和数量进行了评估，最终选择了最佳的 K-mer，得到了支架数量的最小值以及 N50 和 N90 的最大值。然后提取长度超过 500 bp 的支架，将其破碎成无间隙的叠架。利用该基因序列进行进一步的基因预测和注释。

2.3.6.3 基因分类和功能注释

基因分类和功能注释主要参照 Naccache 等 (2015) 进行。

具体步骤如下：使用 MetaGene（http://metagene.cb.k.u. -tokyo.ac.jp/）预测每个元基因组样本的开放阅读框（ORFs）、使用 NCBI 数据库检索长度等于或超过 100 bp 的预测 ORFs，并将其翻译为氨基酸序列、通过 CD-HIT（http://www. bioinformatics.-org/cd-hit/）将来自具有 95% 序列标识（90% 覆盖率）的基因集的所有序列聚集为非冗余基因目录，使用 SOAPaligner（http://soap.genomics.org. cn/）将质量控制后的 Reads 映射到具有 95% 同源性的代表性基因，并对每个样本中的基因丰度进行评估。使用 Soap denovo 2 软件重新组装这些非冗余序列，使用 MetaGeneMark 对长度超过 300 bp 的长 contigs 中的预测开放阅读框进行注释，并与 BLASTP 数据库进行比较。采用抗生素耐药基因数据库（the comprehensive antibiotic research database,CARD）对菌株的基因组中所包含的毒耐药基因进行比对。

2.3.7 全基因组测序及分析

2.3.7.1 DNA 提取

根据 UltraClean® Microbial DNA Isolation Kit 试剂盒手册，提取细菌 DNA。取

60 ng DNA 样品，采取 1.0% 琼脂糖凝胶电泳，80 V 电压电泳 30 min, 检测 DNA 浓度。

2.3.7.2 全基因组测序

将 DNA 送往北京诺禾致源生物信息科技有限公司（Novogene）进行三代 Pacbio 平台测序。经电泳检测合格的 DNA 样品用 Covaris g-TUBE 打断成构建文库所需大小的目的片段，经 DNA 损伤修复及末端修复后，使用 DNA 黏合酶将发卡型接头连接在 DNA 片段两端，使用 AMpure PB 磁珠对 DNA 片段进行纯化选择，构建 SMRT Bell 文库。纯化后的片段经 buffer 回溶后，使用 BluePipin 片段筛选特定大小的片段，并使用 AMpure PB 磁珠对 DNA 片段进行纯化。构建好的文库经 Qubit 浓度定量，并利用 Agilent 2100 检测插入片段大小，随后用 PacBio 平台进行测序。

2.3.7.3 数据处理

对原始数据进行过滤处理，得到有效数据 (clean data)。使用 SMRT Link v5.0.1 软件对 reads 进行组装，得到初步组装结果，把 reads 比对到组装序列上，统计测序深度的分布情况。将得到的初步组装结果进行比对分析，并将染色体序列组装成为一个环状基因组，即最终的 0 gap 完成图序列。使用 GeneMarkS 软件（http://topaz.-gatech.edu/）进行细菌的编码基因预测基因。注释使用 Blastn 数据库（https://blast.-ncbi.nlm.nih.gov/Blast.cgi）以及 RAST。采用毒力因子数据库（virulence factors of pathogenic bacteria,VFDB）和抗生素耐药基因数据库（the comprehensive antibiotic research database,CARD）对菌株的基因组中所包含的毒力基因和耐药基因进行比对。使用软件 IslandPath-DIOMB 预测基因岛。

2.4 数据分析

使用 Excel 软件、SPSS 软件及 R 软件（https://www.r-project.org/）进行统计。将每株菌对不同抗生素的 MIC 值进行统计汇总，与大熊猫个体一一对应。分别对整体耐药率、耐药谱、多重耐药进行分析，同时比较不同年龄段、不同性别及不同地区的大熊猫肠道细菌的耐药情况。统计每一只大熊猫的耐药谱，并列出推荐药物。

3 研究结果

3.1 细菌鉴定图谱

大肠埃希菌（*Escherichia coli*）、粪肠球菌（*Enterococcus faecalis*）、肺炎克雷伯菌（*Klebsiella pneumoniae*）、弗氏柠檬酸杆菌（*Citrobacter freundii*）等部分质谱图见图 3-1，共分离 62 种细菌，多种细菌离子峰分布有着明显差异。

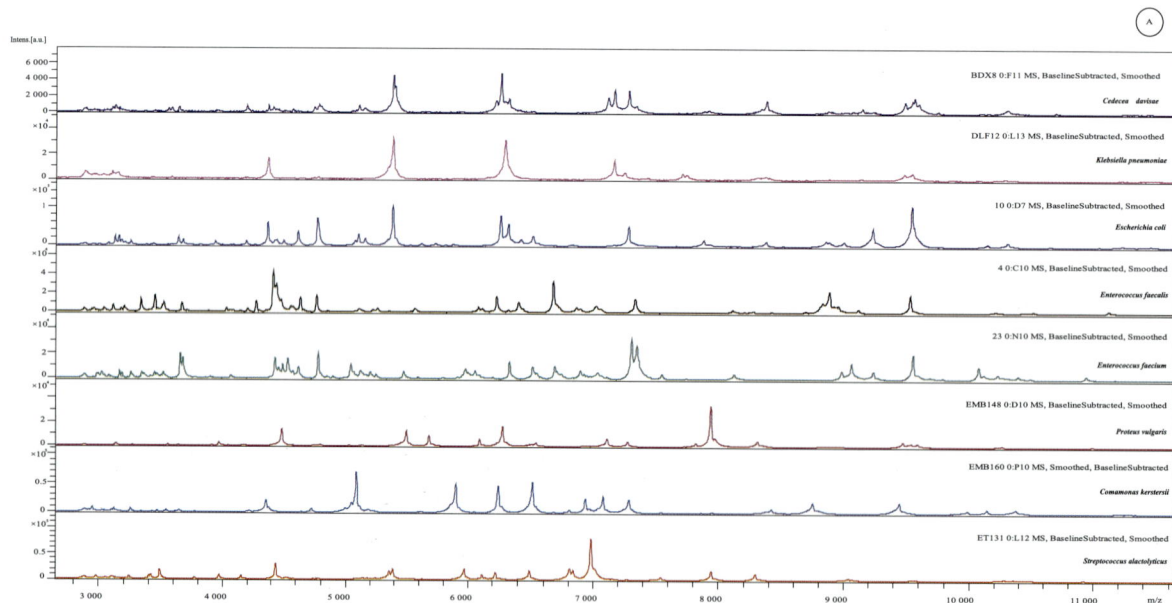

图 3-1　菌株鉴定质谱图

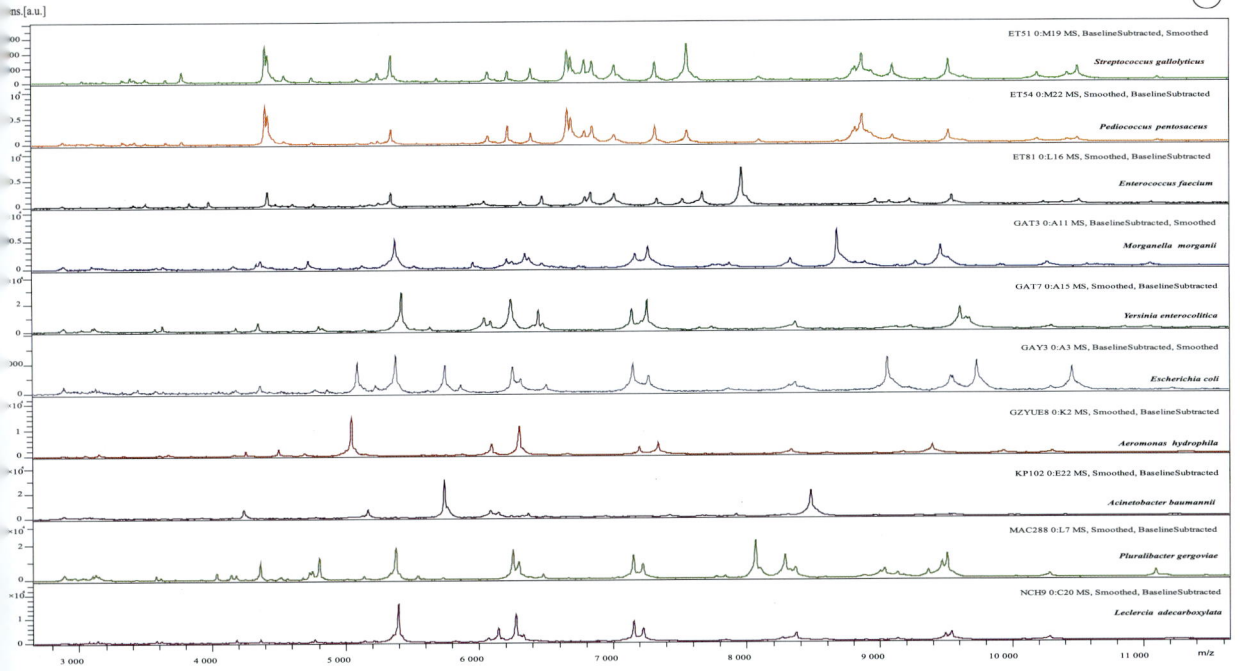

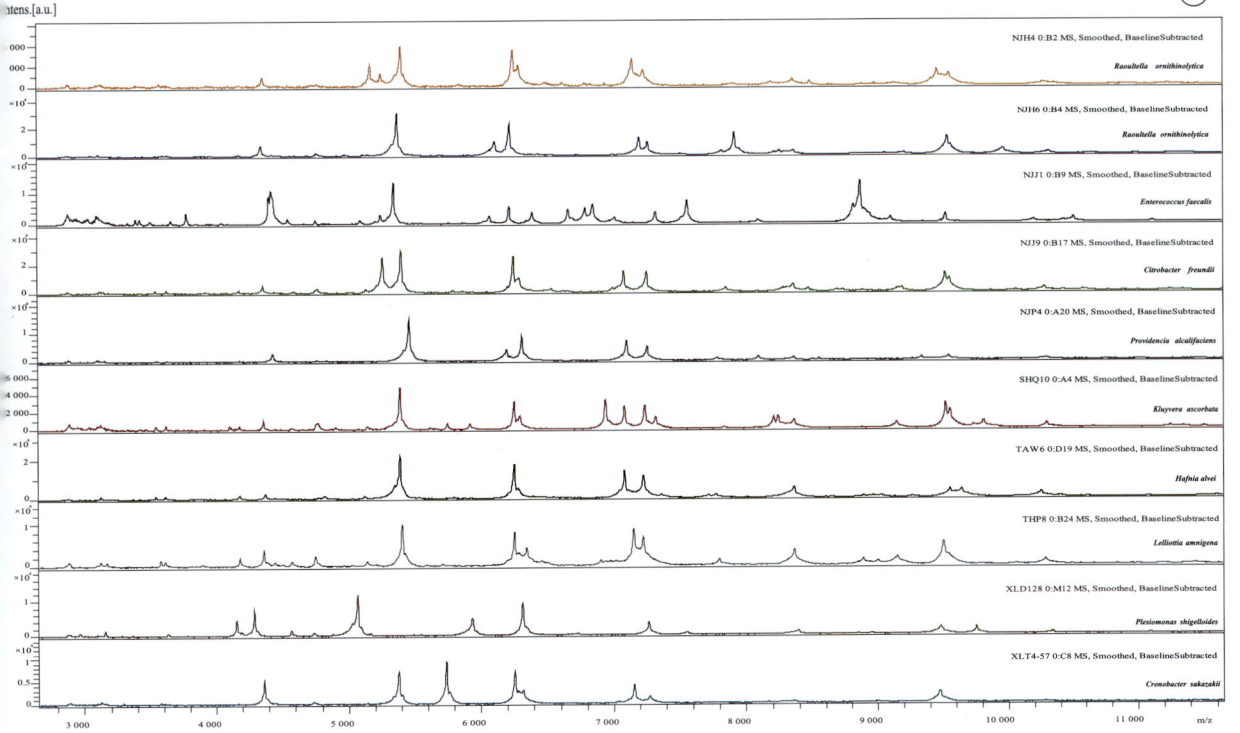

图 3-1（续）

经过鉴定，本研究共从圈养大熊猫肠道分离 923 株细菌，具体见下表。

表3-1　圈养大熊猫肠道分离鉴定细菌

中文名	拉丁文名	数量
鲍曼不动杆菌	*Acinetobacter baumannii*	6
金氏不动杆菌	*Acinetobacter gerneri*	1
乙酸钙不动杆菌	*Acinetobacter calcoaceticus*	1
抗辐射不动杆菌	*Acinetobacter radioresistens*	1
豚鼠气单胞菌	*Aeromonas caviae*	1
嗜水气单胞菌	*Aeromonas hydrophila*	3
维罗那气单胞菌	*Aeromonas veronii*	1
戴氏西地西菌	*Cedecea davisae*	3
布氏柠檬酸杆菌	*Citrobacter braakii*	14
法氏柠檬酸杆菌	*Citrobacter farmeri*	1
弗氏柠檬酸杆菌	*Citrobacter freundii*	64
库氏柠檬酸杆菌	*Citrobacter koseri*	1
穆利柠檬酸杆菌	*Citrobacter murliniae*	1
杨氏柠檬酸杆菌	*Citrobacter youngae*	6
凯斯特氏丛毛单胞菌	*Comamonas kerstersii*	2
阪崎克罗诺杆菌	*Cronobacter sakazakii*	1
产气肠杆菌	*Enterobacter aerogenes*	37
阿氏肠杆菌	*Enterobacter asburiae*	17
致癌肠杆菌	*Enterobacter cancerogenus*	4
阴沟肠杆菌	*Enterobacter cloacae*	26
何氏肠杆菌	*Enterobacter hormaechei*	1
科比肠杆菌	*Enterobacter kobei*	12
路德维希肠杆菌	*Enterobacter ludwigii*	2
狗肠肠球菌	*Enterococcus canintestini*	1
铅黄肠球菌	*Enterococcus casseliflavus*	1
耐久肠球菌	*Enterococcus durans*	5
粪肠球菌	*Enterococcus faecalis*	74
屎肠球菌	*Enterococcus faecium*	6
鸡肠球菌	*Enterococcus gallinarum*	4
拉氏肠球菌	*Enterococcus hirae*	60
泰国肠球菌	*Enterococcus thailandicus*	5
大肠埃希菌	*Escherichia coli*	177
弗格森埃希菌	*Escherichia fergusonii*	4
赫尔曼埃希菌	*Escherichia hermannii*	1
蜂房哈夫尼菌	*Hafnia alvei*	9

续 表

中文名	拉丁文名	数量
催娩克雷伯菌	*Klebsiella oxytoca*	17
肺炎克雷伯菌	*Klebsiella pneumoniae*	116
变栖克雷伯菌	*Klebsiella variicola*	23
抗坏血酸克吕沃菌	*Kluyvera ascorbata*	18
栖冷克吕沃菌	*Kluyvera cryocrescens*	12
佐治亚克吕沃菌	*Kluyvera georgiana*	7
不脱羧莱克勒菌	*Leclercia adecarboxylata*	5
河生肠杆菌	*Lelliottia amnigena*	1
摩氏摩根菌	*Morganella morganii*	63
戊糖片球菌	*Pediococcus pentosaceus*	2
类志贺邻单胞菌	*Plesiomonas shigelloides*	4
格高肠杆菌	*Pluralibacter gergoviae*（同 *Enterobacter gergoviae*）	2
普通变形杆菌	*Proteus vulgaris*	4
产碱普罗威登斯菌	*Providencia alcalifaciens*	27
雷氏普罗威登斯菌	*Providencia rettgeri*	14
拉氏普罗威登斯菌	*Providencia rustigianii*	1
斯氏普罗威登斯菌	*Providencia stuartii*	2
居线虫普罗非登斯菌	*Providencia vermicola*	5
解鸟劳特菌	*Raoultella ornithinolytica*	27
植生劳特菌	*Raoultella planticola*	1
土生劳特菌	*Raoultella terrigena*	1
液化沙雷菌	*Serratia liquefaciens*	1
黏质沙雷菌	*Serratia marcescens*	8
解脲沙雷菌	*Serratia ureilytica*	1
不解乳链球菌	*Streptococcus alactolyticus*	4
解没食子酸链球菌	*Streptococcus gallolyticus*	3
小肠结肠耶尔森菌	*Yersinia enterocolitica*	1

由于大肠埃希菌、肠球菌等是人和动物肠道的重要菌群，也是重要的条件致病菌，可引起菌血症、尿路感染、呼吸道感染、心内膜炎、脑膜炎和败血症等，更重要的是，大肠埃希菌、肠球菌、肠杆菌和克雷伯菌等常常作为细菌耐药性的指示菌，鉴于此，本研究共选取 213 株革兰阴性菌、143 株革兰阳性菌用于大熊猫肠道细菌耐药性研究。

3.2 大熊猫肠道细菌对抗生素的耐药性

3.2.1 大熊猫肠道革兰阴性菌对不同抗生素的耐药性

本试验参照耐药标准判定菌株敏感（S）、中介（I）或者耐药（R），并选取五大类抗生素（每类抗生素种类均大于或者等于2种）作图。统计中，未发现对所有抗生素均耐药的菌株。由图3-2可见，大熊猫肠道革兰阴性菌对磺胺类抗生素耐药的概率最高，达80.28%，对单环β-内酰胺类抗生素耐药率最低，仅为1.41%。其他按耐药率由高至低依次为β-内酰胺类抗生素（青霉素类和头孢菌素类，34.74%）、四环素类抗生素（25.82%）、β-内酰胺酶抑制剂（7.04%）、喹诺酮类抗生素（3.76%）、氨基糖苷类抗生素（3.29%）、大环内酯类抗生素（1.88%）。

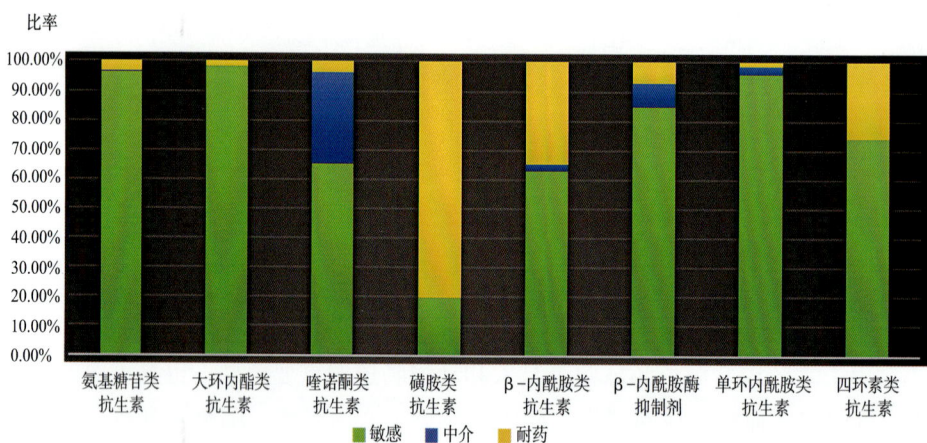

图3-2　大熊猫肠道革兰阴性菌对抗生素的敏感性

由表3-2可知，革兰阴性菌对17种抗生素共产生34种耐药谱，最多对11种抗生素耐药，213株革兰阴性菌中38株均不耐药（约占17.84%），一种耐药菌株有64株（约占30.05%），两种有55株（约占25.82%），三种有27株（约占12.68%），四种有11株（约占5.16%），五种有9株（约占4.23%），六种有2株（约占0.94%），七种有3株（约占1.41%），八种有1株（约占0.47%），十种有2株（约占0.94%），十一种有1株（约占0.47%）。革兰阴性菌耐药谱最多的是 S_3、TMP、AMX- S_3。

表3-2 大熊猫肠道革兰阴性菌耐药谱

耐药谱	株数
S_3	47
TMP	17
AMX-S_3	16
S_3-AMX-AMP	15
TE-S_3	14
S_3-TMP-AMX-AMP-TE	9
TE-TMP	8
S_3-AMX-AMP-TE	7
TMP-S_3-TE	7
AMX-TMP	4
TMP-S_3	4
AMP-AMX	3
AMP-S_3	2
NOR-OFX-CIP-LOM-LEV-S_3-TMP-AMP-AMX-TE	2
AZM-S_3	1
AMX-TE	1
AZM-TMP	1
AZM-TMP-AMX	1
CIP-S_3-TMP-AMP-AMX-TE	1
GEN-AZM-OFX-CIP-LOM-LEV-S_3-CRO-CFM-AMP-AMX	1
GEN-OFX-CIP-S_3-CRO-CFM-ATM	1
GEN-S_3	1
KAN-GEN-OFX-S_3-CRO-CFM-ATM-IPM	1
KAN-OFX-S3-TMP-AMP-AMX-TE	1
KAN-S_3-TMP-AMP-AMX-TE	1
OFX-S_3-TE	1
S_3-CFM-ATM	1
S_3-CRO-AMP-AMX	1
S_3-GEN-CFM-ATM	1
S_3-TMP-AMP-AMX	1
S_3-TMP-AMX-TE	1
S_3-TMP-CRO-AFM-AMP-AMX-TE	1
TMP-AMP-AMX	1
TE-AMX-S_3	1

注：KAN——卡那霉素、GEN——庆大霉素、ERY——红霉素、AZM——阿奇霉素、NOR——诺氟沙星、OFX——氧氟沙星、CIP——环丙沙星、LOM——洛美沙星、LEV——左氧氟沙星、S_3——磺胺嘧啶、TMP——甲氧苄啶、CRO——头孢曲松、CFM——头孢克肟、AMP——氨苄西林、AMX——阿莫西林、ATM——氨曲南、IPM——亚胺培南、TE——四环素。

由图 3-3 可见，大熊猫肠道革兰阴性菌对磺胺嘧啶的耐药率最高，达 65.73%，其次为阿莫西林（31.92%）、甲氧苄啶（28.17%）、四环素（26.29%）、氨苄西林（21.60%），对其他抗生素的耐药率均小于 4.00%。

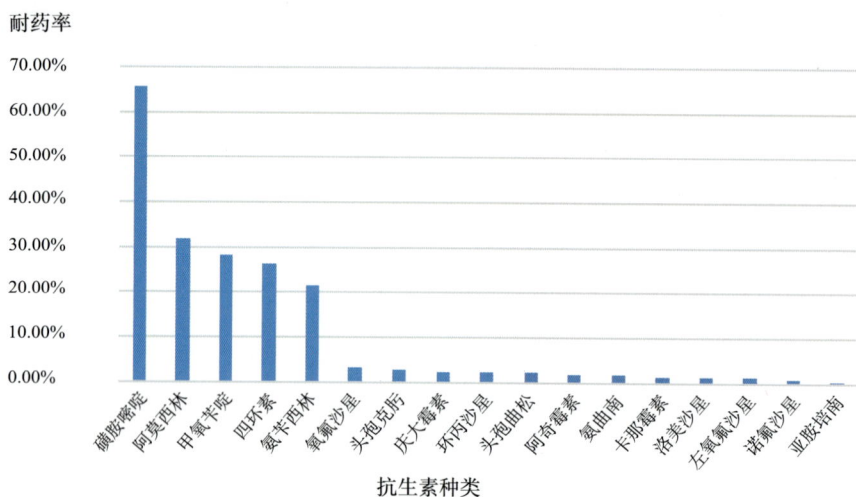

图 3-3　大熊猫肠道革兰阴性菌对抗生素的耐药性

3.2.2 大熊猫肠道革兰阳性菌对不同抗生素的耐药性

由图 3-4 可见，大熊猫肠道革兰阳性菌对亚胺培南的耐药率最高，达 79.02%，其次为甲氧苄啶（28.67%），四环素（19.58%），对其他抗生素的耐药率均小于 10.00%，其中对左氧氟沙星和诺氟沙星均敏感。

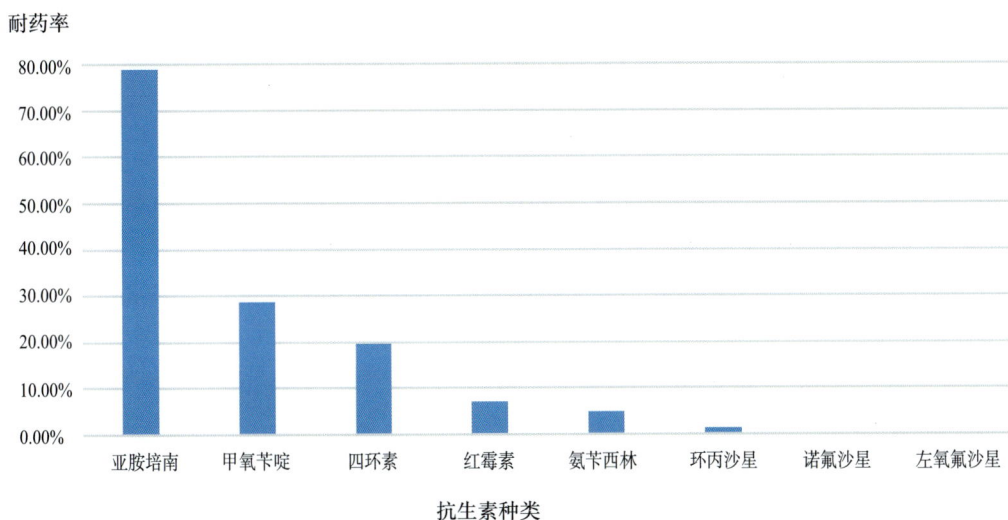

图 3-4　大熊猫肠道革兰阳性菌对抗生素的耐药性

　　由表 3-3 可知，大熊猫肠道革兰阳性菌对 8 种抗生素共产生 11 种耐药谱，耐药类型为 0~3 耐。143 株革兰阳性菌中，其中 77 株均不耐药，约占 53.85%；一种抗生素耐药菌株有 47 株，约占 32.87%；两种抗生素耐药菌株有 16 株，约占 11.19%；3 株为三种抗生素耐药，约占 2.10%。革兰阳性菌耐药谱最多的抗生素是 TMP 和 TE。

表 3-3　大熊猫肠道革兰阳性菌耐药谱

耐药谱	株数
TMP	28
TE	14
TMP-TE	9
ERY-TE	4
AMP	3
ERY-TMP-AMP	3
CIP	1
CIP-TE	1
ERY	1
ERY-AMP	1
ERY-TMP	1

3.3 不同年龄段大熊猫肠道细菌对抗生素的耐药性

3.3.1 幼年大熊猫肠道细菌对抗生素的耐药性

3.3.1.1 幼年大熊猫肠道革兰阴性菌对抗生素的耐药性

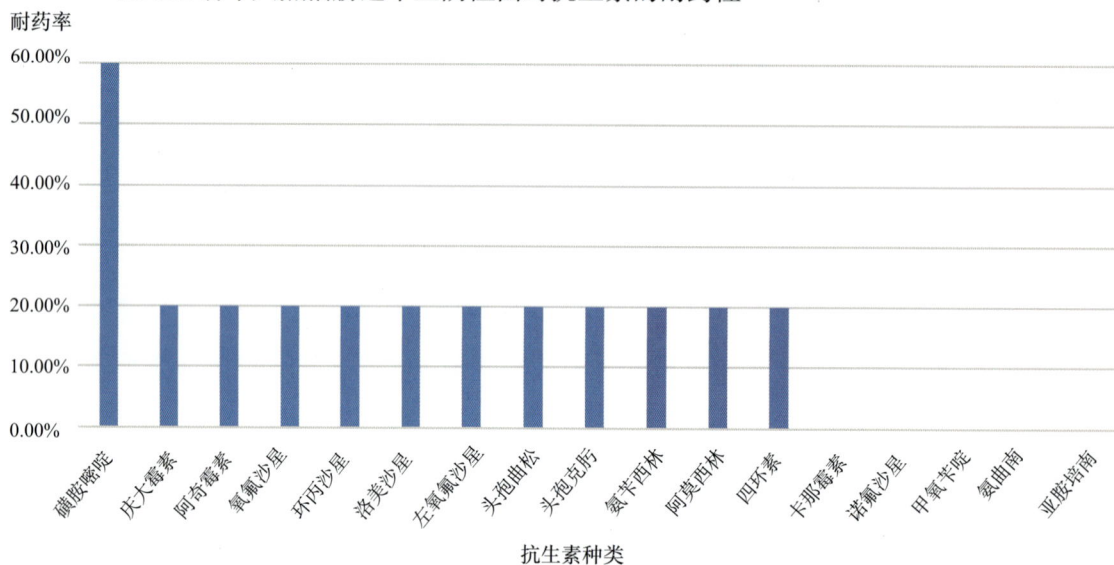

图 3-5　幼年大熊猫肠道革兰阴性菌对抗生素的耐药性

在 213 株革兰阴性菌中，共有 5 株中来自幼年大熊猫肠道，其中 2 株均不耐药，1 株只对一种抗生素产生耐药性，1 株对两种抗生素耐药，1 株对 11 种抗生素耐药。由图 3-5 可见，该组细菌主要对磺胺嘧啶耐药，对其他抗生素耐药率均等于或低于 20%，其中对卡那霉素、诺氟沙星、甲氧苄啶、氨曲南、亚胺培南敏感。

3.3.1.2 幼年大熊猫肠道革兰阳性菌对抗生素的耐药性

在 143 株革兰阳性菌中，共有 5 株来自幼年大熊猫肠道，其中 2 株均不耐药，1 株只对一种抗生素产生耐药性，2 株对两种抗生素耐药。由图 3-6 可见，该组细菌主要对亚胺培南耐药，次之为红霉素、甲氧苄啶和四环素，对诺氟沙星、环丙沙星、左氧氟沙星和氨苄西林四种抗生素均敏感。

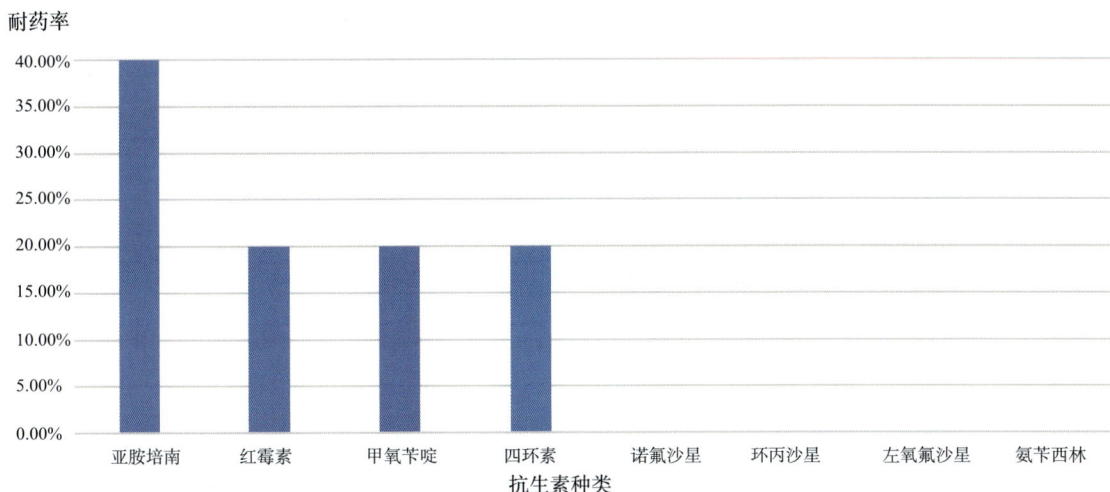

耐药率

图 3-6　幼年大熊猫肠道革兰阳性菌对抗生素的耐药性

3.3.2 亚成年大熊猫肠道细菌对抗生素的耐药性

3.3.2.1 亚成年大熊猫肠道革兰阴性菌对抗生素的耐药性

在 213 株革兰阴性菌中，共有 68 株来自亚成年大熊猫肠道内，其中有 10 株对抗生素敏感（约占 14.71%），对 1 种抗生素耐药的有 23 株（约占 33.82%），2 种耐药的有 17 株（占 25.00%），多重耐药菌株为 18 株（约占 26.47%）。由图 3-7 可见，该组细菌主要对磺胺嘧啶耐药，高达 58.82%，其次为甲氧苄啶（38.24%），再次为四环素（27.94%）、阿莫西林（26.47%）和氨苄西林（20.59%），对其他抗生素耐药率则低于 5.00%。

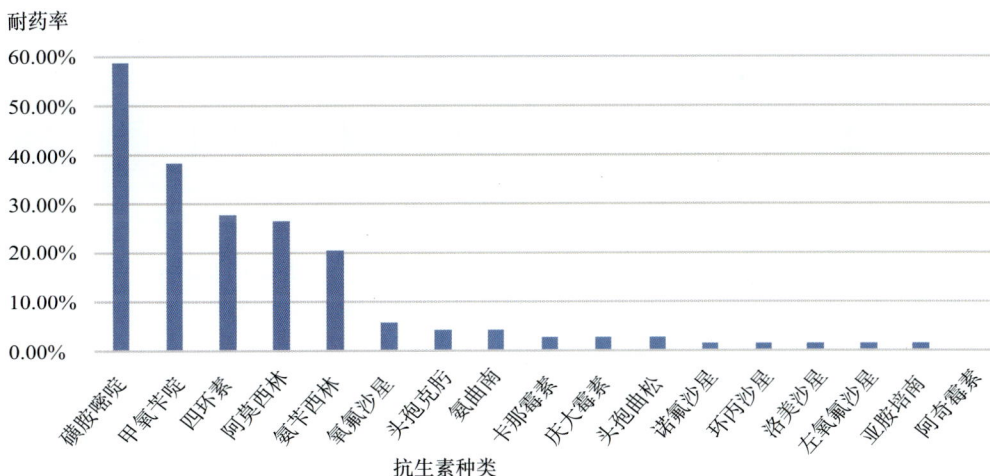

耐药率

图 3-7　亚成年大熊猫肠道革兰阴性菌对抗生素的耐药性

3.3.2.2 亚成年大熊猫肠道革兰阳性菌对抗生素的耐药性

在143株革兰阳性菌中，共有42株来自亚成年大熊猫肠道，其中4株为均敏感，约占9.52%，对1种抗生素耐药的有17株（约占40.48%），2种耐药的有15株（约占35.71%），3种耐药的有6株（约占14.29%）。由图3-8可见，该组细菌主要对亚胺培南耐药，高达88.10%，次之为甲氧苄啶（33.33%）、四环素（19.05%），除对诺氟沙星和左氧氟沙星均敏感外，对其余抗生素的耐药率均小于5.00%。

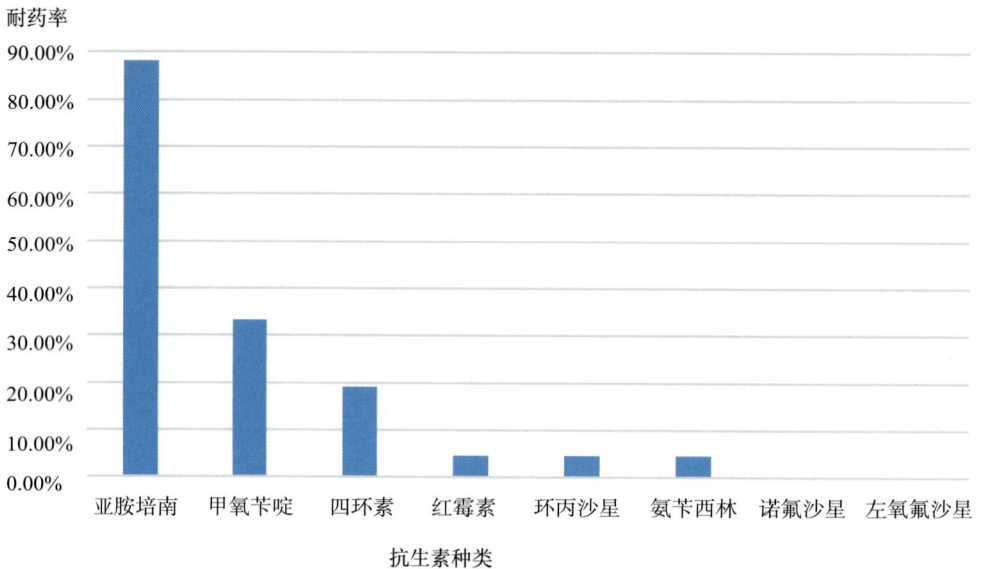

图3-8　亚成年大熊猫肠道革兰阳性菌对抗生素的耐药性

3.3.3 成年大熊猫肠道细菌对抗生素的耐药性

3.3.3.1 成年大熊猫肠道革兰阴性菌对抗生素的耐药性

在213株革兰阴性菌中，共有130株来自成年大熊猫肠道内，其中25株均敏感（约占19.23%），对1种抗生素耐药的有33株（约占25.38%），2种耐药的37株（约占28.46%），多重耐药菌株（耐3种及3种以上的抗生素）为35株（约占26.92%）。由图3-9可见，该组细菌主要对磺胺嘧啶耐药，高达67.69%，其次分别为阿莫西林（36.15%）、四环素（25.38%）、甲氧苄啶（24.62%）和氨苄西林（22.31%），对其余抗生素耐药率均小于3.00%。

耐药率

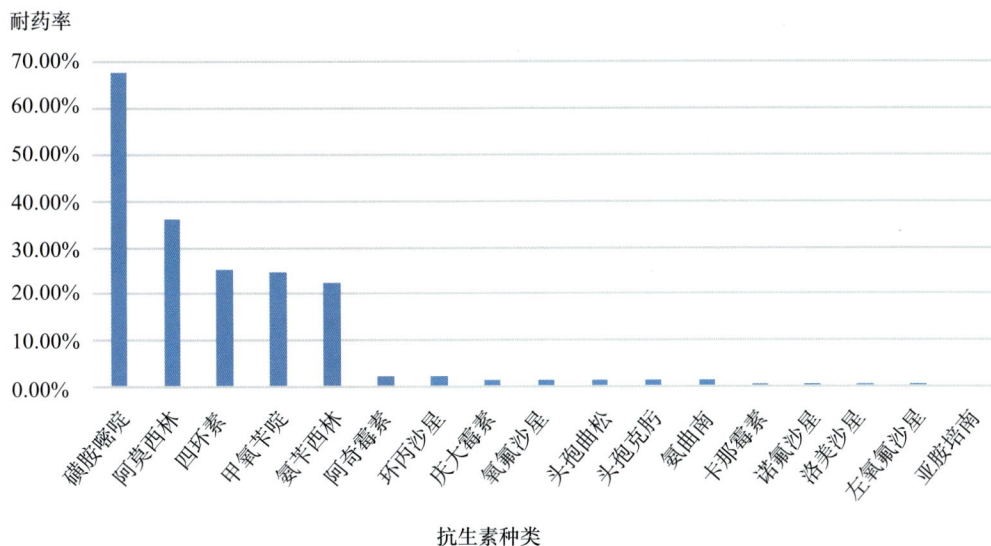

图 3-9　成年大熊猫肠道革兰阴性菌对抗生素的耐药性

3.3.3.2 成年大熊猫肠道革兰阳性菌对抗生素的耐药性

在 143 株革兰阳性菌中，共有 86 株来自成年大熊猫肠道，其中 17 株敏感（约占 19.77%），对 1 种抗生素耐药的有 33 株（约占 38.37%），2 种耐药的有 25 株（约占 29.07%），3 种耐药的有 8 株（约占 9.30%），4 种耐药的有 3 株（约占 3.49%）。由图 3-10 可见，该组细菌主要对亚胺培南耐药，高达 75.58%，次之为甲氧苄啶（29.07%）、四环素（19.77%）、红霉素（8.14%）、氨苄西林（5.81%），对诺氟沙星、环丙沙星和左氧氟沙星均敏感。

耐药率

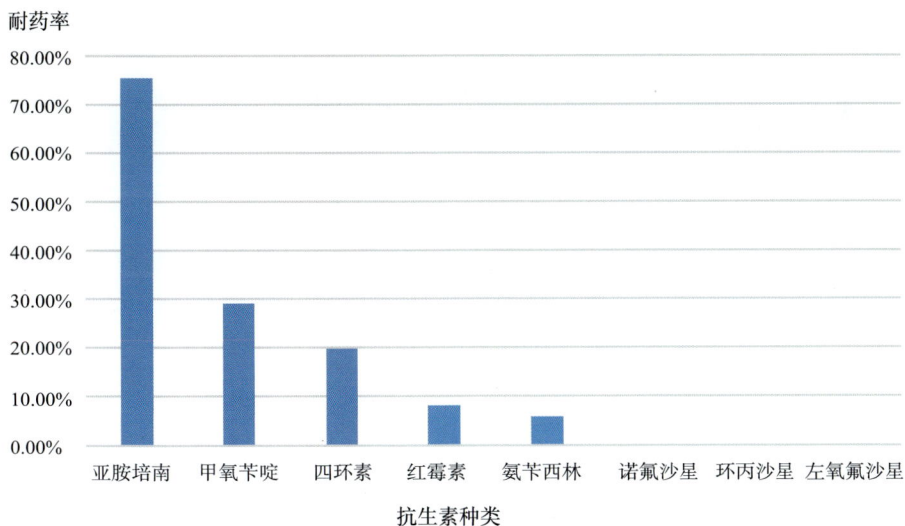

图 3-10　成年大熊猫肠道革兰阳性菌对抗生素的耐药性

3.3.4 老年大熊猫肠道细菌对抗生素的耐药性

3.3.4.1 老年大熊猫肠道革兰阴性菌对抗生素的耐药性

在 213 株革兰阳性菌中，共有 10 株来自老年大熊猫肠道内，无敏感菌株，对 1 种抗生素耐药的有 7 株（占 70.00%），2 种耐药的有 1 株（占 10.00%），多重耐药菌株（耐 3 种及 3 种以上的抗生素）为 2 株（占 20.00%）。由图 3-11 可见，该组细菌主要对磺胺嘧啶耐药，高达 90.00%，其次分别为四环素（30.00%）、甲氧苄啶（20.00%）、氨苄西林（20.00%）和阿莫西林（20.00%），对其余抗生素均敏感。

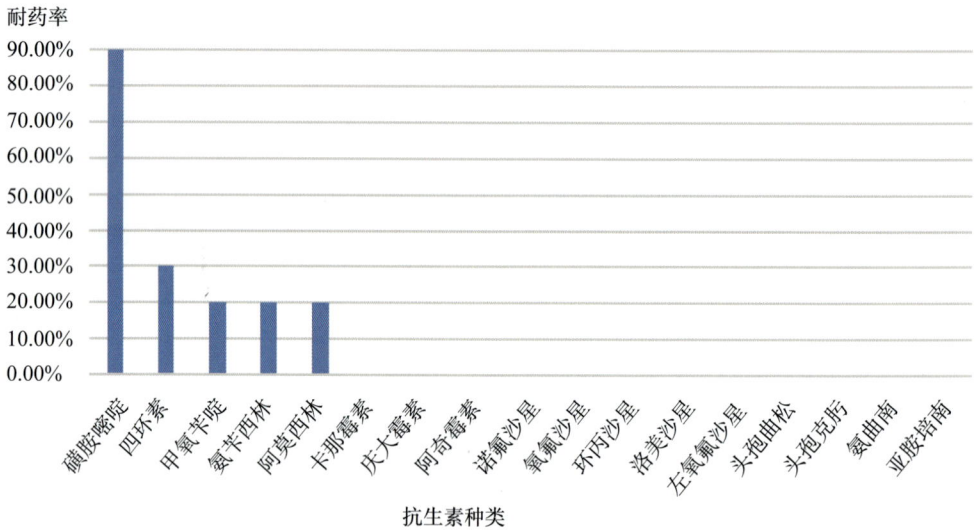

图 3-11 老年大熊猫肠道革兰阴性菌对抗生素的耐药性

3.3.4.2 老年大熊猫肠道革兰阳性菌对抗生素的耐药性

在 143 株革兰阳性菌中，共有 10 株来自老年大熊猫肠道，其中 1 株为敏感株（占 10.00%），对 1 种抗生素耐药的有 6 株（占 60.00%），2 种抗生素耐药的有 3 株（占 30.00%）。由图 3-12 可见，该组细菌主要对亚胺培南耐药，高达 90.00%，次之为四环素（20.00%）和甲氧苄啶（10.00%），对红霉素、诺氟沙星、环丙沙星、左氧氟沙星和氨苄西林均敏感。

耐药率

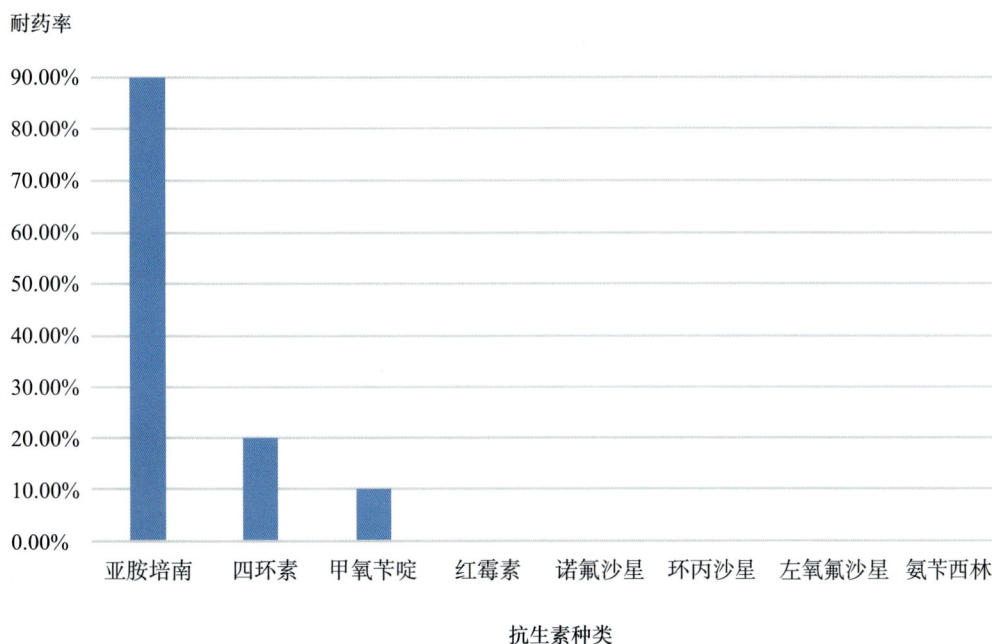

抗生素种类

图 3-12　老年大熊猫肠道革兰阳性菌对抗生素的耐药性

3.3.5 幼年、亚成年、成年和老年大熊猫肠道细菌对抗生素的耐药性比较

3.3.5.1 大熊猫肠道革兰阴性菌对抗生素的耐药性

总体来看（图 3-13），幼年、亚成年、成年和老年大熊猫肠道革兰阴性菌对磺胺嘧啶的耐药率最高，并表现为老年大熊猫＞成年大熊猫＞幼年大熊猫＞亚成年大熊猫。其次为对四环素（老年大熊猫＞亚成年大熊猫＞成年大熊猫＞幼年大熊猫）、阿莫西林（成年大熊猫＞亚成年大熊猫＞老年大熊猫＝幼年大熊猫）、氨苄西林（成年大熊猫＞亚成年大熊猫＞幼年大熊猫＞老年大熊猫）、甲氧苄啶（亚成年大熊猫＞成年大熊猫＞老年大熊猫＞幼年大熊猫）耐药。四个年龄段大熊猫对氨苄西林的耐药率差别不大，对亚胺培南的耐药率最低 —— 幼年大熊猫、成年大熊猫和老年大熊猫均对亚胺培南敏感。老年大熊猫肠道革兰阴性菌对抗生素耐药的种类最少，本研究中对 12 种抗生素均敏感，幼年大熊猫肠道革兰阴性菌对 5 种抗生素敏感。

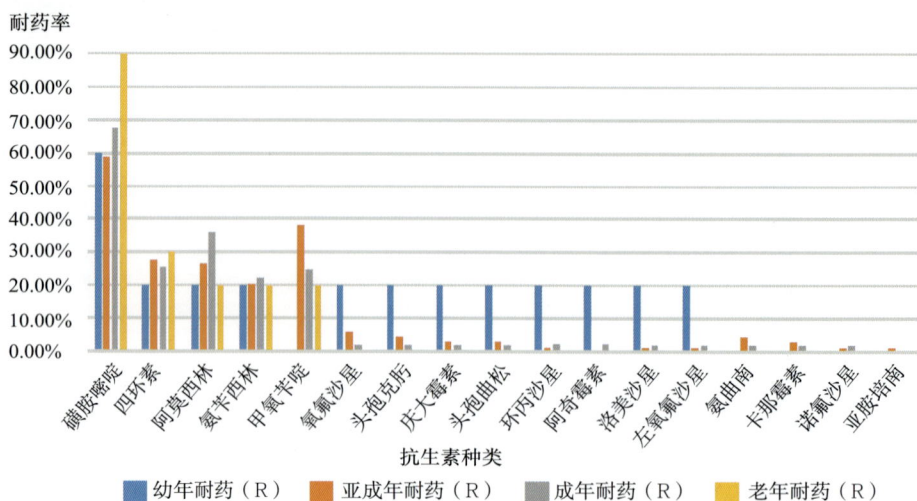

图3-13 幼年、亚成年、成年和老年大熊猫肠道革兰阴性菌对抗生素的耐药性

3.3.5.2 不同年龄段大熊猫肠道革兰阳性菌对抗生素的耐药性

总体来看（图3-14），幼年、亚成年、成年和老年大熊猫肠道革兰阳性菌均对亚胺培南的耐药性最高，表现为老年大熊猫＞亚成年大熊猫＞成年大熊猫＞幼年大熊猫；其次为甲氧苄啶（亚成年大熊猫＞成年大熊猫＞幼年大熊猫＞老年大熊猫）；再次为四环素，但四个年龄段对四环素的耐药率差别不大。对红霉素的耐药率，除幼年大熊猫相对较高，达20.00%，亚成年大熊猫和成年大熊猫相对较低，均低于10.00%，老年大熊猫对红霉素敏感。此外，四个年龄段对喹诺酮类抗生素的耐药率极低，除亚成年大熊猫对环丙沙星的耐药率为4.76%外，幼年大熊猫、成年大熊猫和老年大熊猫均对环丙沙星敏感，四个年龄段大熊猫对喹诺酮类抗生素诺氟沙星和左氧氟沙星均敏感。

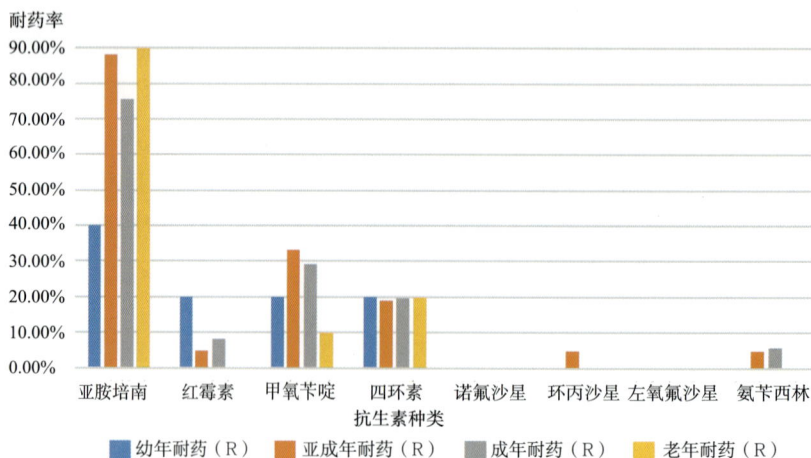

图3-14 幼年、亚成年、成年和老年大熊猫肠道革兰阳性菌对抗生素的耐药性

3.4 不同性别大熊猫肠道细菌对抗生素的耐药性

3.4.1 雄性大熊猫肠道细菌对抗生素的耐药性

3.4.1.1 雄性大熊猫肠道革兰阴性菌对抗生素的耐药性

耐药率

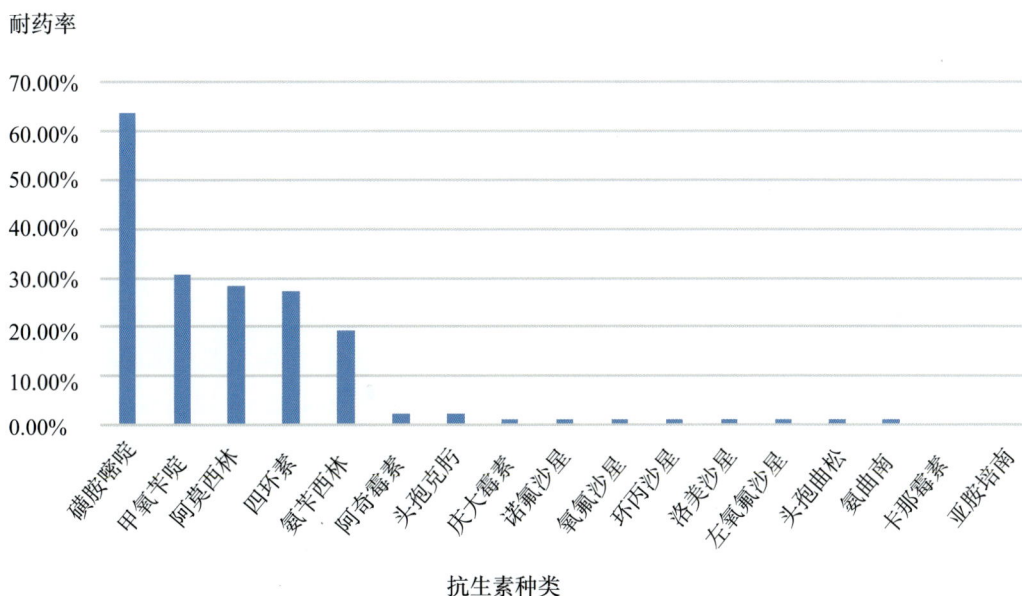

抗生素种类

图3-15　雄性大熊猫肠道革兰阴性菌对抗生素的耐药性

在213株革兰阴性菌中，其中88株来自雄性大熊猫，这组细菌主要对磺胺嘧啶耐药，高达63.64%，其次为甲氧苄啶（30.68%）、阿莫西林（28.41%）、四环素（27.27%）、氨苄西林（19.32%），对其余抗生素的耐药率则均小于3.00%（图3-15）。

3.4.1.2 雄性大熊猫肠道革兰阳性菌对抗生素的耐药性

在143株革兰阳性菌中，其中63株来自雄性大熊猫，这组细菌主要对亚胺培南耐药，高达77.80%，其次为甲氧苄啶（28.60%）、四环素（25.40%），对其他抗生素的耐药率为0~7.90%（图3-16）。

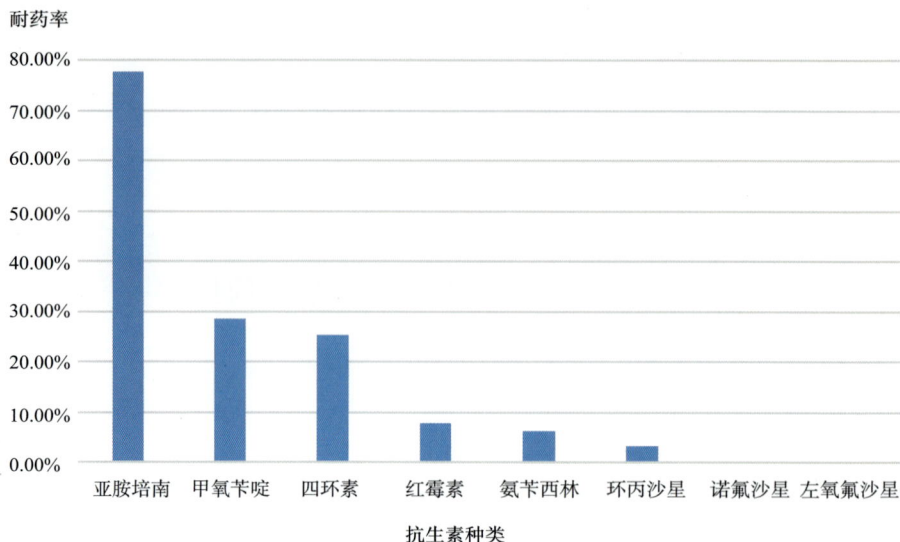

图 3-16　雄性大熊猫肠道革兰阳性菌对抗生素的耐药性

3.4.2 雌性大熊猫肠道细菌对抗生素的耐药性

3.4.2.1 雌性大熊猫肠道革兰阴性菌对抗生素的耐药性

在 213 株革兰阴性菌中，其中 125 株来自雌性大熊猫，细菌主要对磺胺嘧啶耐药，高达 67.20%，其次为阿莫西林（34.40%）、甲氧苄啶（26.40%）、四环素（25.60%）、氨苄西林（23.20%），其中磺胺嘧啶和甲氧苄啶均属于磺胺类抗生素，阿莫西林和氨苄西林均属于 β – 内酰胺类抗生素，对其余抗生素的耐药率则均小于 5.00%（图 3-17）。

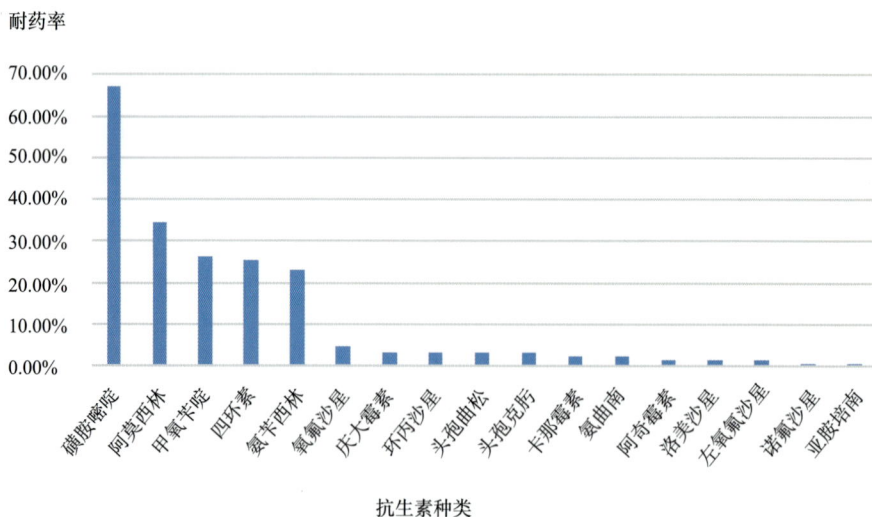

图 3-17　雌性大熊猫肠道革兰阴性菌对抗生素的耐药性

3.4.2.2 雌性大熊猫肠道革兰阳性菌对抗生素的耐药性

在 143 株革兰阳性菌中，其中 80 株来自雌性大熊猫，这组细菌主要对亚胺培南耐药，高达 80.00%，其次为甲氧苄啶（28.80%）、四环素（15.00%），对其他抗生素的耐药率则为 0~6.30%（图 3-18）。

耐药率

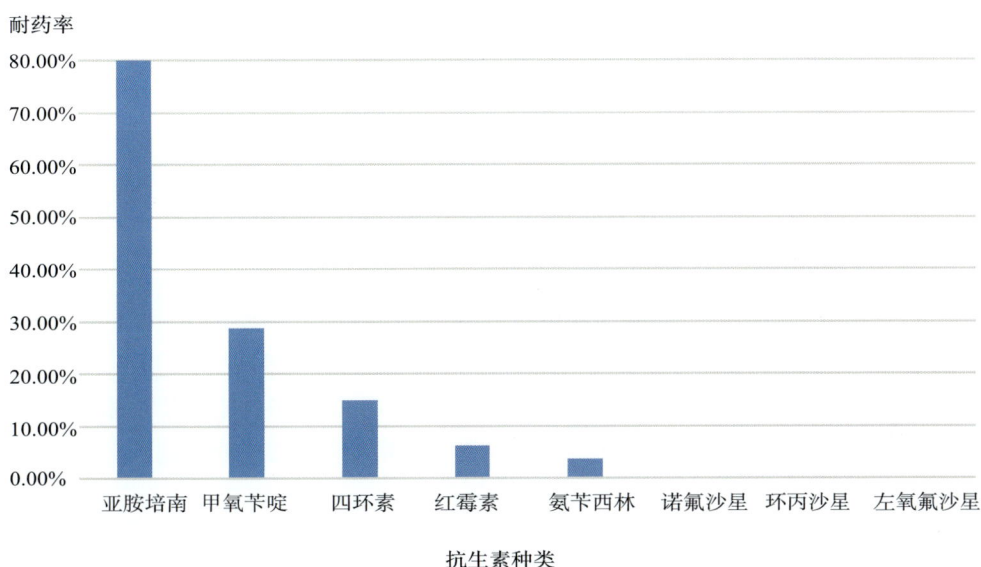

抗生素种类

图 3-18   雌性大熊猫肠道革兰阳性菌对抗生素的耐药性

3.4.3 雌性和雄性大熊猫肠道细菌耐药性比较

3.4.3.1 雌性和雄性大熊猫肠道革兰阴性菌耐药性比较

总体来看（图 3-19），雌性和雄性大熊猫对磺胺嘧啶的耐药性最高，分别为 67.20% 和 63.64%，其次为阿莫西林、甲氧苄啶、四环素和氨苄西林，对剩下的抗生素耐药率均低于 5.00%，雌性大熊猫和雄性大熊猫肠道革兰阴性菌的耐药率差别不大。

耐药率

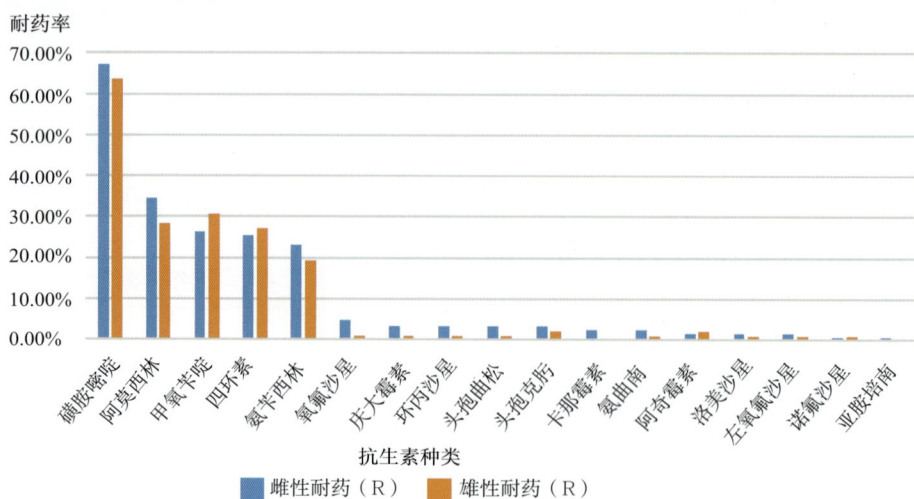

图 3-19　雌性和雄性大熊猫肠道革兰阴性菌耐药性比较

3.4.3.2　雌性和雄性大熊猫肠道革兰阳性菌耐药性对比

总体来看（图 3-20），雌性和雄性大熊猫肠道内革兰阳性菌对抗生素的耐药率差别不大，最高为亚胺培南（80.00%、77.80%），其次为甲氧苄啶（28.60%、28.60%）、四环素（15.00%、25.40%）、红霉素（6.30%、7.90%）、氨苄西林（3.80%、6.30%）、环丙沙星（0、3.20%），且均对诺氟沙星和左氧氟沙星不耐药。

耐药率

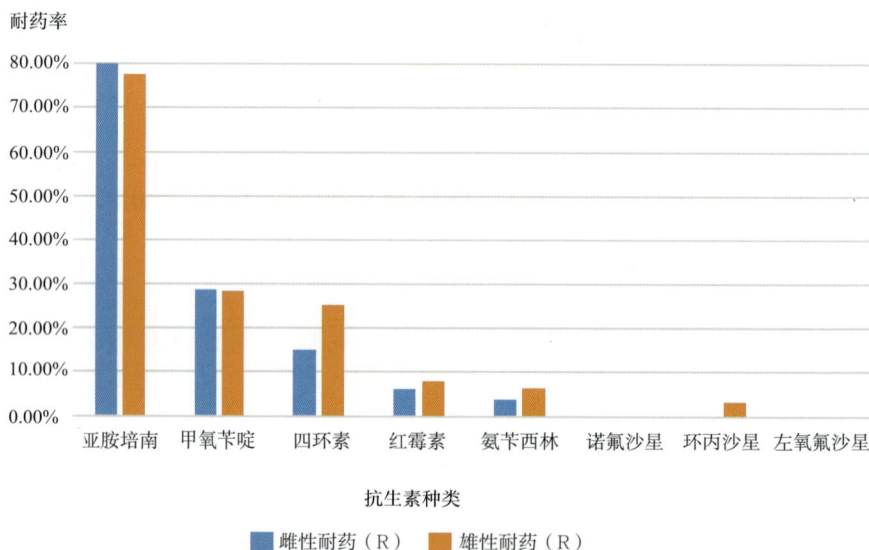

图 3-20　雌性和雄性大熊猫肠道革兰阳性菌耐药性比较

综上所述，无论是革兰阴性菌还是革兰阳性菌，不同性别大熊猫肠道细菌的耐药率差异不大。

3.5 不同地域大熊猫肠道细菌对抗生素的耐药性

3.5.1 雅安碧峰峡基地大熊猫肠道细菌对抗生素的耐药性

3.5.1.1 雅安碧峰峡基地大熊猫肠道革兰阴性菌对抗生素的耐药性

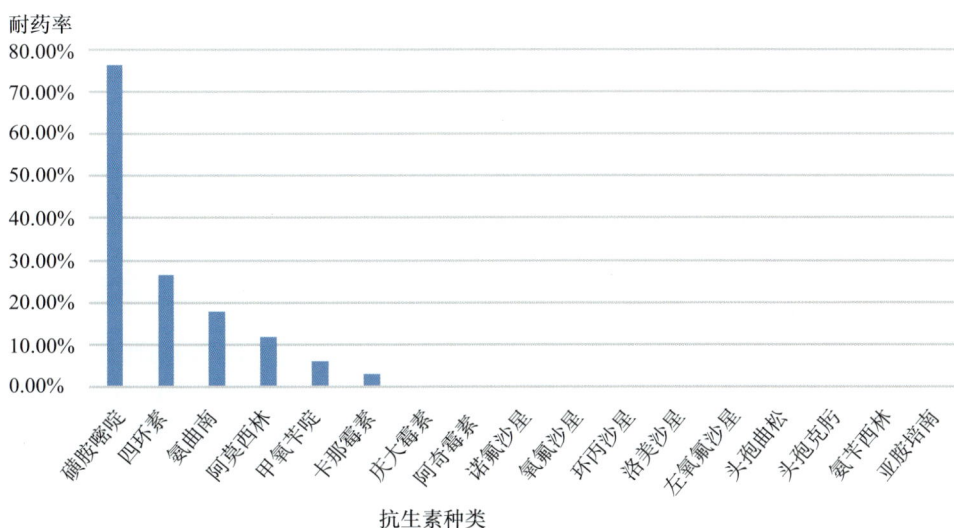

图 3-21   雅安碧峰峡基地大熊猫肠道革兰阴性菌对抗生素的耐药性

在 213 株革兰阴性菌中，其中 34 株来自碧峰峡基地的大熊猫的肠道，这组细菌主要对磺胺嘧啶耐药，高达 76.47%，其次为四环素（26.47%）、氨曲南（17.65%）、阿莫西林（11.76%）、甲氧苄啶（5.88%），对其他抗生素的耐药率则均低于 3.00%（图 3-21）。

3.5.1.2 雅安碧峰峡基地大熊猫肠道革兰阳性菌对抗生素的耐药性

在 143 株革兰阳性菌中，其中 30 株细菌来自雅安碧峰峡基地的大熊猫，这组细菌主要对亚胺培南耐药，高达 90.00%，其次为四环素（33.33%）、甲氧苄啶（13.33%）、红霉素（10.00%）、环丙沙星（3.33%），而对诺氟沙星、左氧氟沙星和氨苄西林均敏感（图 3-22）。

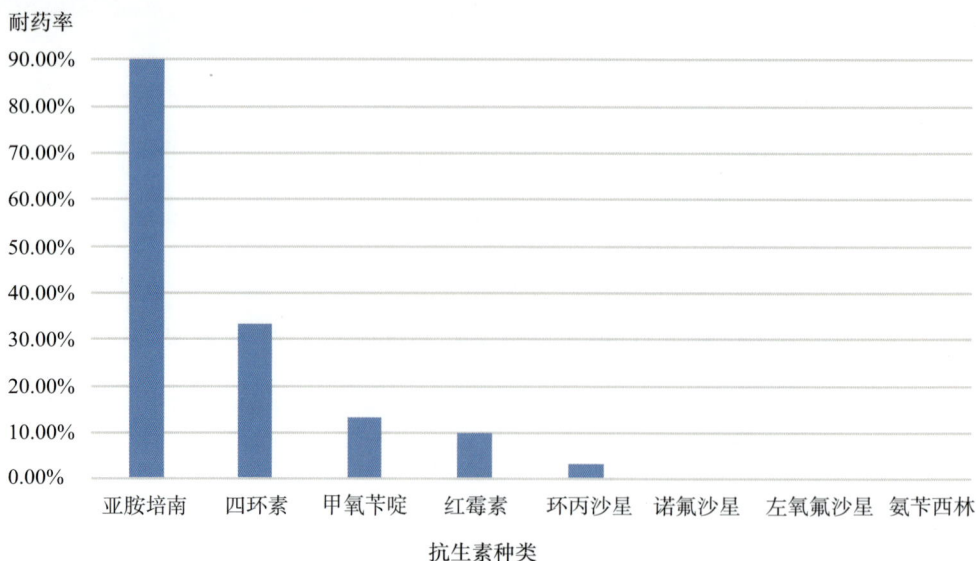

图 3-22　雅安碧峰峡基地大熊猫肠道革兰阳性菌对抗生素的耐药性

3.5.2 都江堰青城山基地大熊猫肠道细菌对抗生素的耐药性

3.5.2.1 都江堰青城山基地大熊猫肠道革兰阴性菌对抗生素的耐药性

在 213 株革兰阴性菌中，33 株来自都江堰青城山基地的大熊猫肠道，这组细菌主要对磺胺嘧啶耐药，高达 81.82%，其次为四环素（36.36%）、阿莫西林（33.33%）、氨苄西林（30.30%）、甲氧苄啶（18.18%），对其他抗生素耐药率则为 0~6.06%（图3-23）。

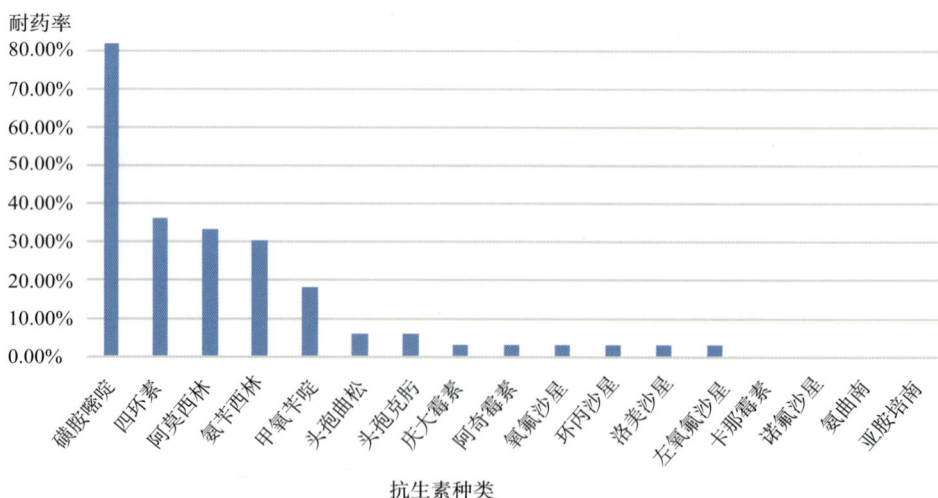

图 3-23　都江堰青城山基地大熊猫肠道革兰阴性菌对抗生素的耐药性

3.5.2.2 都江堰青城山基地大熊猫肠道革兰阳性菌对抗生素的耐药性

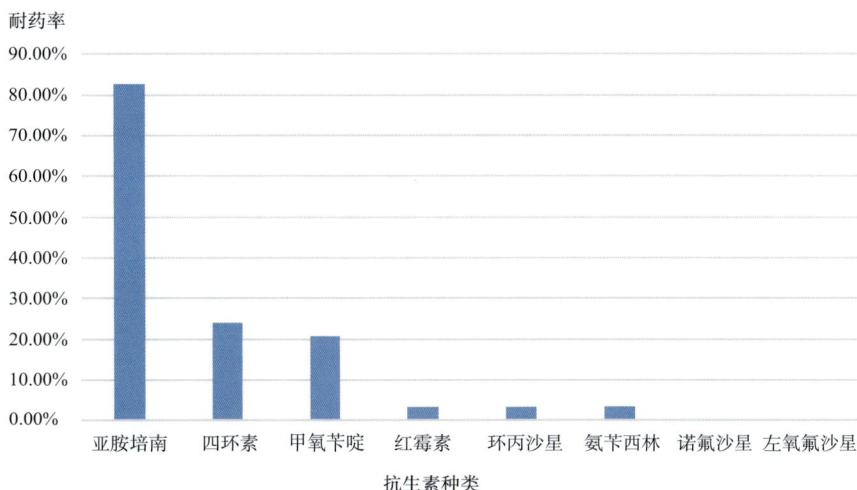

图 3-24　都江堰青城山基地大熊猫肠道革兰阳性菌对抗生素的耐药性

在 143 株革兰阳性菌中，29 株细菌来自都江堰青城山基地的大熊猫肠道，这组细菌主要对亚胺培南耐药，高达 82.76%，其次为四环素（24.14%）、甲氧苄啶（20.69%），对红霉素、环丙沙星和氨苄西林的耐药率均为 3.45%，而对诺氟沙星和左氧氟沙星均敏感（图 3-24）。

3.5.3 卧龙神树坪基地大熊猫肠道细菌对抗生素的耐药性

3.5.3.1 卧龙神树坪基地大熊猫肠道革兰阴性菌对抗生素的耐药性

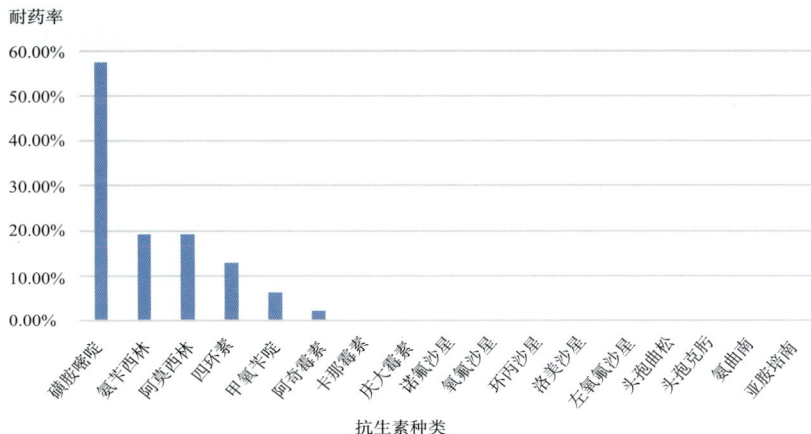

图 3-25　卧龙神树坪基地大熊猫肠道革兰阴性菌对抗生素的耐药性

在 213 株革兰阴性菌中，47 株来自卧龙神树坪基地大熊猫肠道，这组细菌主要对磺胺嘧啶耐药，高达 57.45%，其次为氨苄西林、阿莫西林（均为 19.15%），再次为四环素（12.77%）、甲氧苄啶（6.38%）和阿奇霉素（2.13%），对剩余 11 种抗生素均敏感（图 3-25）。

3.5.3.2 卧龙神树坪基地大熊猫肠道革兰阳性菌对抗生素的耐药性

在 143 株革兰阳性菌中，33 株细菌来自神树坪基地的大熊猫肠道，这组细菌主要对亚胺培南耐药，高达 69.70%，其次为甲氧苄啶（21.21%）、四环素（15.15%）、环丙沙星（3.03%），而对红霉素、诺氟沙星、左氧氟沙星和氨苄西林均敏感（图 3-26）。

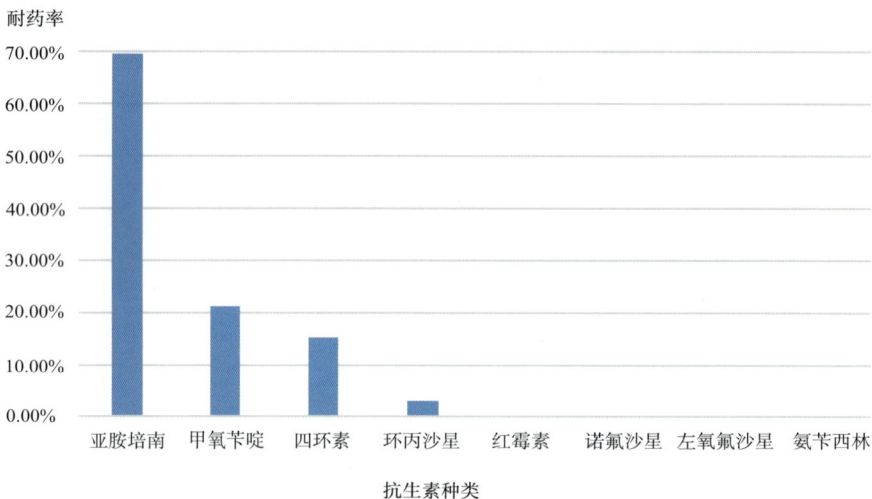

图 3-26　卧龙神树坪基地大熊猫肠道革兰阳性菌对抗生素的耐药性

3.5.4 雅安碧峰峡、都江堰青城山和卧龙神树坪基地大熊猫肠道细菌对抗生素的耐药性比较

3.5.4.1 三大基地大熊猫肠道革兰阴性菌对抗生素的耐药性比较

总体来看（图 3-27），三大基地大熊猫肠道革兰阴性菌对磺胺嘧啶耐药率最高[都江堰青城山基地（81.82%）>雅安碧峰峡基地（76.47%）>卧龙神树坪基地（57.45%）]，其次为四环素[都江堰青城山基地（36.36%）>雅安碧峰峡基地（26.43%）>卧龙神树坪基地（12.77%）]、阿莫西林[都江堰青城山基地（33.33%）>卧龙神树坪基地（19.15%）>雅安碧峰峡基地（11.76%）]和氨苄西林[都江堰青城山基地（30.30%）

> 卧龙神树坪基地（19.15%）> 雅安碧峰峡基地（0.02%）］。对比三地耐药率，其中都江堰青城山基地革兰阴性菌的耐药率最高，而对于不同的抗生素，雅安碧峰峡基地和卧龙神树坪基地的耐药率高低各有差别。

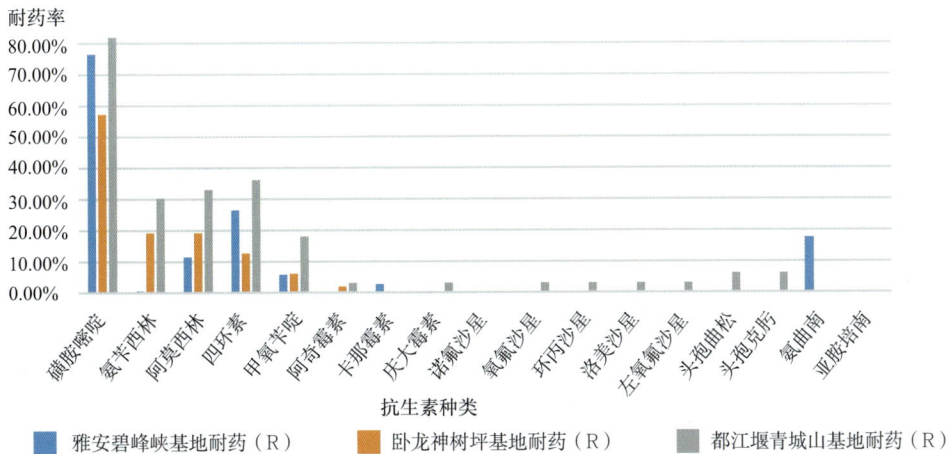

图 3-27 雅安碧峰峡、都江堰青城山和卧龙神树坪基地大熊猫肠道革兰阴性菌对抗生素的耐药性比较

3.5.4.2 三大基地大熊猫肠道革兰阳性菌对抗生素的耐药性比较

总体来看（图 3-28），三大基地大熊猫肠道革兰阳性菌对于不同抗生素，三大基地的耐药率高低具有一定差异。三大基地均对亚胺培南的耐药率最高，雅安碧峰峡基地（90.00%）> 都江堰青城山基地（82.76%）> 卧龙神树坪基地（69.70%），其次为四环素 [雅安碧峰峡基地（33.33%）> 都江堰青城山基地（24.14%）> 卧龙神树坪基地（15.15%）]、甲氧苄啶 [卧龙神树坪基地（21.21%）> 都江堰青城山基地（20.69%）> 雅安碧峰峡基地（13.33%）]、红霉素 [雅安碧峰峡基地（10.00%）> 都江堰青城山基地（3.45%）> 卧龙神树坪基地（0）]。

综上所述，都江堰青城山基地的耐药率较高，尤其是都江堰青城山基地革兰阴性菌对抗生素的总体耐药率最高，而革兰阳性菌的总体耐药率相对较低，排第二位。雅安碧峰峡基地和卧龙神树坪基地细菌对不同抗生素的耐药率各有差别。

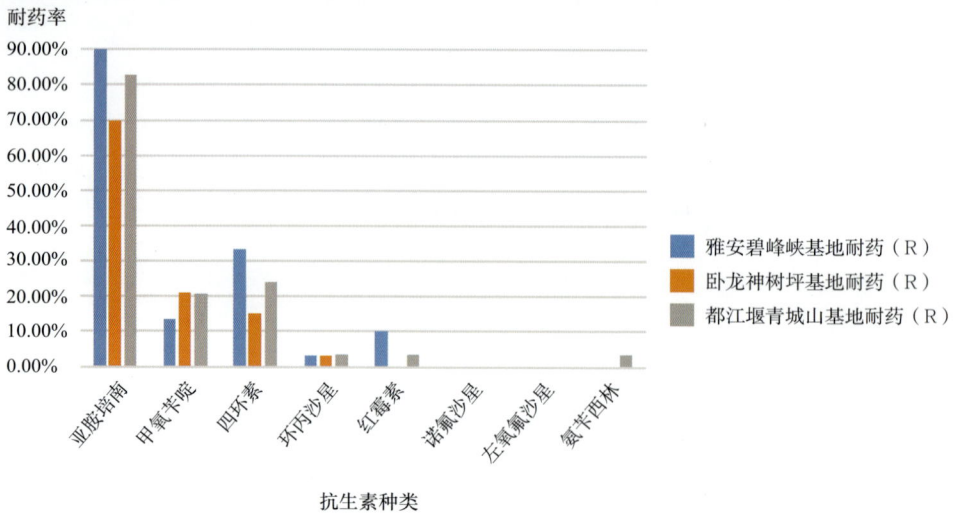

图3-28　雅安碧峰峡、都江堰青城山和卧龙神树坪基地大熊猫肠道革兰阳性菌对抗生素的
耐药性比较

3.6 大熊猫肠道细菌耐药基因

3.6.1 基于PCR法检测大熊猫肠道细菌耐药基因

通过PCR扩增法对大熊猫肠道大肠埃希菌抗生素和消毒剂耐药基因以及大熊猫肠道肺炎克雷伯菌消毒剂耐药基因进行检测。抗生素耐药基因包括氨基糖苷类抗生素耐药基因 [$aph(3')$-IIa、 $aac(3)$-IIa、$aac(6')$-Ib、$ant(3')$-Ia]，磺胺类抗生素耐药基因 [$sul1$、$sul2$、$sul3$]，四环素类抗生素耐药基因 [$tetA$、 $tetB$、$tetC$、$tetD$、$tetE$、$tetM$]，β–内酰胺类抗生素耐药基因 [bla_{TEM}、 bla_{SHV}、bla_{CTX-M}]。消毒剂耐药基因包括可移动遗传元件介导的耐药基因 [$qacE$、 $qacE\varDelta1$、$qacF$、$qacG$ 和 $sugE(p)$] 及染色体型的耐药基因 [$sugE$、$emrE$、$ydgE$、$ydgF$、$mdfA$]，其中 $mdfA$ 基因属于主要协同转运蛋白超家族（major facilitator superfamily，MFS），$sugE$、$emrE$、$ydgE$ 和 $ydgF$ 基因属于小多重耐药（small multidrug resistance，SMR）家族。$emrE$ 基因编码多重耐药基因外排泵，与季铵盐类消毒剂的毒性阳离子疏水化合物的光谱耐药有关。$qacE$、$qacE\varDelta1$、$qacF$、$qacG$ 和 $sugE(p)$ 物种耐药基因是可移动遗传元件介导的耐药基因，他们属于SMR家族，均由质粒、整合子或转座子介导的耐药基因。从

GenBank 下载消毒剂耐药基因，用 Primer 5.0 设计耐药基因引物，扩增产物送上海生工生物工程有限公司测序，并在 GenBank Blast（http：//www.ncbi.nlrIl.nih.gov/）比对。

检测出大于等于两种抗生素耐药基因的大肠埃希菌达 65.85%（$n=27$），其中含四种抗生素耐药基因的占 14.63%（$n=6$）。β－内酰胺类抗生素耐药基因中检出率最高的基因为 bla_{CTX-M}（88.24%，$n=15$），其次为 bla_{TEM}（64.71%，$n=11$）、bla_{SHV}（5.88%，$n=1$）。四环素类抗生素耐药基因中 $tetB$ 基因检出率最高，达 48.39%（$n=15$），其次分别为 $tetA$ (35.48%，$n=11$)、$tetE$ (25.81%，$n=8$)、$tetD$ (19.35%，$n=6$) 和 $tetF$ (6.45%，$n=2$)。磺胺类抗生素耐药基因 $sul\,1$、$sul\,2$、$sul\,3$ 检出率分别为 92.31% ($n=12$)、38.46% ($n=5$) 和 30.77% ($n=4$)。然而，氨基糖苷类抗生素耐药基因 $aph(3')$-IIa、$aac(3)$-IIa、$aac(6')$-Ib、$ant(3')$-Ia 均未被检出（Guo $et\,al.$,2015）。

大肠埃希菌季铵盐类消毒剂的染色体型耐药基因扩增率为 68.18%~98.86%，其中 $emrE$ 最低 ($n=60$，68.18%)，$sugE$($n=87$，98.86%) 最高。可移动遗传元件介导的耐药基因检测率则为 0~19.23%，没有检测出 $qacE$、$qacF$、$qacG$，检出率最高的可移动遗传元件介导耐药基因为 $qacE\varDelta1$ ($n=17$，19.31%)（郭莉娟，邹立扣，等，2014）。

肺炎克雷伯菌的染色体型耐药基因检出率为 13.64%~28.41%，$emrE$ 检出率最低 ($n=12$，13.64%)，$ydgE$ 最高 ($n=25$，28.41%)，可移动遗传元件介导的耐药基因为 0~6.82%，$qacE\varDelta1$、$qacF$、$qacG$ 检出率均为 0，可移动遗传元件介导的基因 $sugE(p)$ 检出率最高 ($n=6$，6.82%)（郭莉娟，邹立扣，等，2014）。

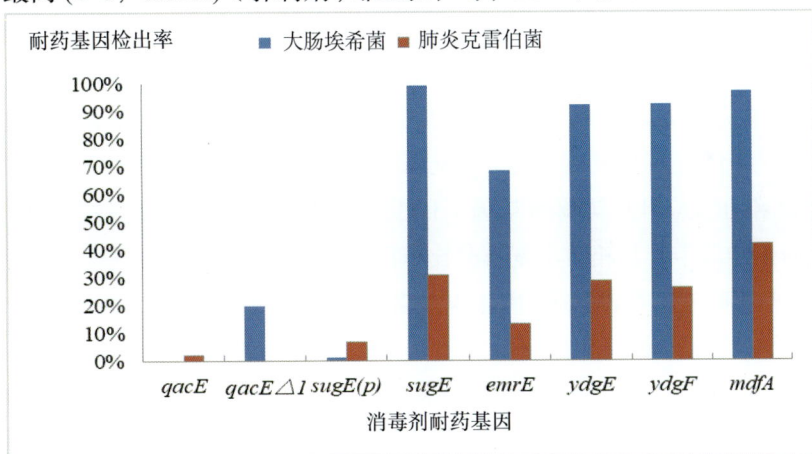

图 3-29　大肠埃希菌及肺炎克雷伯菌消毒剂耐药基因检出率

大肠埃希菌和肺炎克雷伯菌的季铵盐类消毒剂耐药基因检出率不同。大肠埃希菌可移动遗传元件介导的耐药基因检出率明显高于肺炎克雷伯菌。其中，$qacF$ 和 $qacG$ 均没有被检出，但大肠埃希菌没有检出 $qacE$ 耐药基因，肺炎克雷伯菌该基因检出率为 2.27%。肺炎克雷伯菌没有检测出 *qacEΔ1* 基因，大肠埃希菌该基因检出率则为 19.31%。无论是大肠埃希菌还是肺炎克雷伯菌，染色体型耐药基因检出率都明显高于可移动遗传元件介导耐药基因的检出率（图 3-29）。

3.6.2 宏基因组学研究大熊猫肠道耐药基因

许多细菌是通过抗生素抗性基因（antibiotic resistance genes，ARGs）来实现其抗药性的，ARGs 是 2006 年 Wright 等提出的名词，指微生物中所有抗生素抗性基因的集合。而宏基因组 (metagenome) 是 Handelsman 等于 1998 年提出的新名词，指的是环境中全部微小生物遗传物质的总和，或称环境基因组。在以抗生素耐药基因为切入点的研究中，重要的方法之一是宏基因组学方法，简言之，就是提取环境中微生物的 DNA 样本，构建宏基因组文库，用目的抗生素对文库克隆进行筛选并对筛选到的文库克隆进行测序和序列分析。应用该方法，不断有新的耐药基因被发现。

2015 年，邹立扣等通过宏基因组学研究大熊猫肠道耐药基因，结果表明（图 3-30），ARGs 在大熊猫粪便样本中高度富集，且每个肠道微生物组都含有不同的 ARGs，且 ARGs 的相对丰度范围为 0.0004%~26.44%。在这些不同抗生素类别中，检出率最高的 ARG 为五种抗生素外排泵系统，包括耐药结节细胞分化（resistance-nodulation cell division，RND）家族抗生素外排泵（26.44%）[*mdtnop*, 11.2%; *mdtef*, 6.0%; *acr*, 5.7%; *mdtef*, 6.0%]，MFS 超家族抗生素外排泵（25.51%）[*emrd*, 3.9%; *mdtl*, 3.4%; *emrb*, 3.2%; *mdtg*, 2.7%; *mdth*, 2.7%; *bcr-mfs*, 2.4%]，其他 ARG（11.97%）[*baca*, 7.7%; *arna*, 4.2%]，基因调节抗生素外排泵（9.30%）[*soxR*, 2.6%; *baeR*, 2.5%; *phoQ*, 2.4%; *marA*, 1.7%] 和 ATP 结合盒（ABC）抗生素外排泵（5.83%）[*macA*, 3.1%; *macab*, 2.7%]。检出的耐药基因其次为喹诺酮耐药基因（4.88%）、C 类 β - 内酰胺酶基因（2.64%）[*bla-c*, 2.6%; *bla*$_{TEM}$, 0.4%; *bla-a*, 0.2%; *bla*$_{CTX-M}$, 0.1%]、四环素外排基因（2.39%）[tet efflux, 2.4%; tetracycline ribosomal protection protein-encoding genes (*tet-rpp*), 1.5%; *emre*, 0.6%] 和 rRNA 甲基转移酶基因（1.73%）。上述这些抗生素耐药基因存在于大熊猫的微生物群中，其相对丰度百分比范围为 1.73%~26.44%。

2020 年，邹立扣等再次利用宏基因组学研究大熊猫肠道耐药基因发现，根据耐药基因的功能分类，如图 3-31，检出率最高的为外排泵类基因（efflux pump gene）:*efrB*、*efrA*、*msbA*、*macB*、*mdtD*、*sav1866*、*mdtG*、*ImrD*、*mdtO*、*mdtP*、*YojI*，占 35%。其次分别为改变靶位结构（target modification）类基因，包括 *mfd*、*patB*、*patA*；RND 家族抗生素外排泵 [resistance-nodulation cell devision（RND）antibiotic efflux pump] 类基因，包括 *acrB*、*mdtB*、*mdtF*、*acrD*、*mdtC*、*evgS*、*acrF*；产生灭活酶或钝化酶（antibiotic inactivation）类基因，包括 *murA*、*PBP1a*、*katG*、*vanRF*；改变外膜通透性（altered permeability）类基因，包括 *mprF*、*PmrE*、*PmrC*。

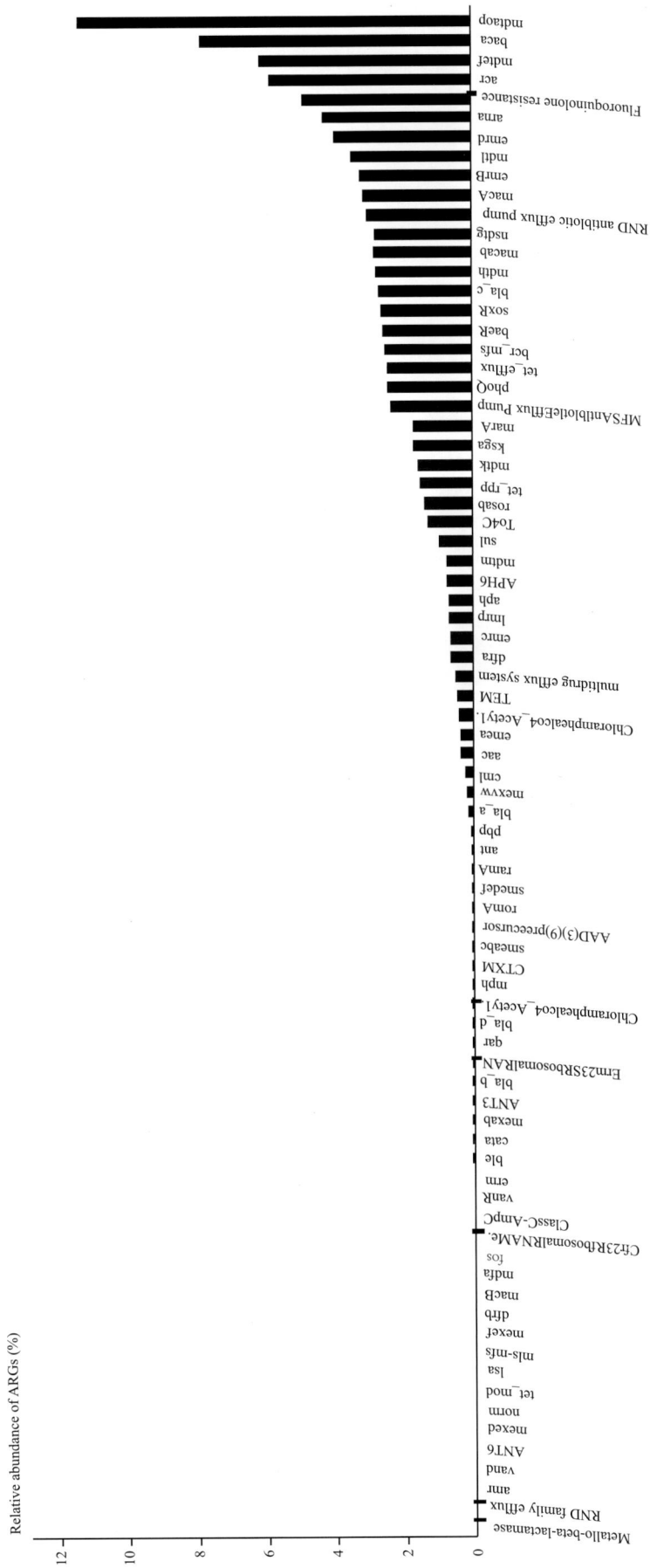

图 3-30 大熊猫粪便微生物群中 ARGs 的相对丰度和多样性

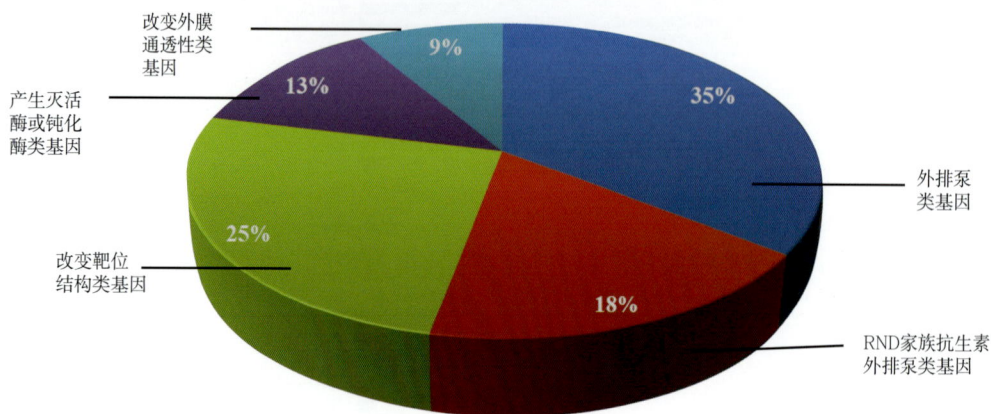

改变外膜
通透性类
基因

产生灭活
酶或钝化
酶类基因

改变靶位
结构类基因

9%

13%

35%

25%

18%

外排泵
类基因

RND家族抗生素
外排泵类基因

图 3-31　大熊猫粪便微生物群不同耐药机制统计

比较幼年、成年和老年大熊猫肠道内含量前 30 耐药基因（ ARGs ）作图（ 图 3-32 ），幼年大熊猫肠道内有 16 种耐药基因含量高于成年和老年大熊猫，老年大熊猫肠道内有 15 种耐药基因含量高于幼年和成年大熊猫，而成年大熊猫肠道内仅 1 种耐药基因含量高于幼年和老年大熊猫。

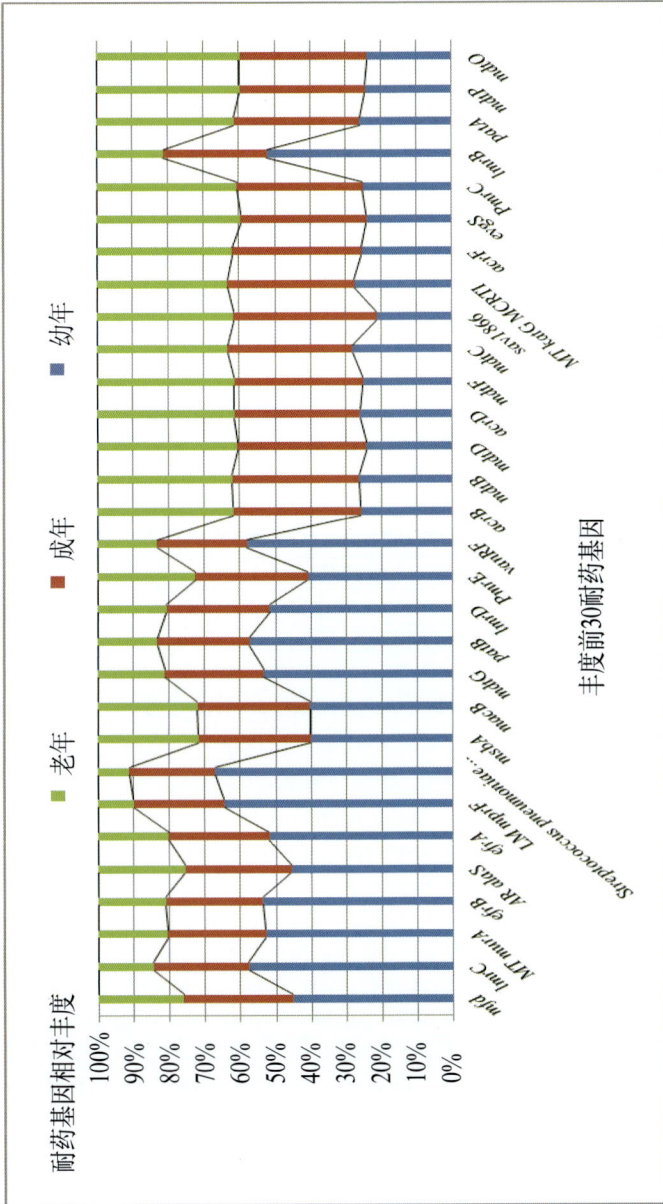

图 3-32 幼年、成年和老年大熊猫肠道耐药基因相对丰度比较

3.6.3 全基因组测序研究大熊猫源细菌耐药基因

3.6.3.1 大肠埃希菌 CCHTP 中抗生素耐药基因分析

通过对染色体基因序列进行比对，发现大肠埃希菌 CCHTP 携带了多种类型的抗生素耐药基因，包括 11 大类 156 个抗生素耐药基因。从表 3-4 中可知，外排泵系统基因数量最多，主要包括 *macB*（13 个）、*adeL*（6 个）、*patA*（6 个）、*evgS*（5 个）等 115 个耐药基因。其次为介导糖肽类抗生素（万古霉素）耐药的 *vanTG/TC/RI* 等 12 个耐药基因、介导多肽类抗生素（多黏菌素）耐药的 *mcr-3*、*pmrF/E/C* 等 9 个耐药基因和介导四环素类抗生素（四环素）耐药的 *tetT/B(60)/A(48)/34* 等。此外，少量介导喹诺酮类、磺胺类和 β– 内酰胺类等抗生素耐药的基因也在基因组中识别到。

表 3-4　大肠埃希菌 CCHTP 中耐药基因分析结果

（Basic information of antibiotic resistance genes in *Escherichia coli* CCHTP）

耐抗生素大类	耐药基因	基因数量
外排泵	*macB*、*adeL*、*patA*、*evgS*、*mdtF*、*patB*、*sav1866*、*TaeA* 等	115
糖肽类	*vanTG*、*vanTC*、*vanRI*、*vanRF*、*vanRE*、*vanRB*、*vanHD*、*vanG*、*baeS* `baeR* 等	12
多肽类	*pmrF*、*pmrE*、*pmrC*、*mcr-3*、*basS*、*arnA*、*arlS* 等	9
四环素类	*tetT*、*tetB(60)*、*tetA(48)*、*tet34* 等	7
喹诺酮类	*gyrB*、*gyrA*、*mfd* 等	4
磺胺类	*sul3*、*leuO*	2
β– 内酰胺类	*mecC*、*bla*$_{CMY-63}$	2
多磷类	*glpT*、*murA*	2
大环内酯类	*chrB*	1
环脂肽类	*cls*	1
肽类抗生素	*bacA*	1

在染色体序列共发现 19 个基因岛，总长在 5 187~74 031 bp，其中发现两个基因岛上各有一段含可移动遗传元件（插入序列）、毒力因子和耐药基因的序列，基因环境绘图如图 3-33 所示，在 GIs011 上发现一段序列包含外排泵基因调控因子（*emrR*）和四环素类耐药基因 [*tetA(60)*]，F1C 菌毛（*focY/H*）和 S 菌毛 (*sfaG/F/E/D/A/B/C*) 相关基因，在这些基因两侧存在可移动遗传元件 IS630、转座酶基因及 IS3*fA*。GIs017 上也发现在一段包含外排泵基因 *cpxR*、α- 溶血素基因 *hlyA/B/C/D* 及细菌毒素 CNF-1，两侧分别与转座酶基因、插入序列 IS3*fB* 以及 IS66 相连。大肠埃希菌中的耐药或毒力基因可由可移动遗传元件介导传播。

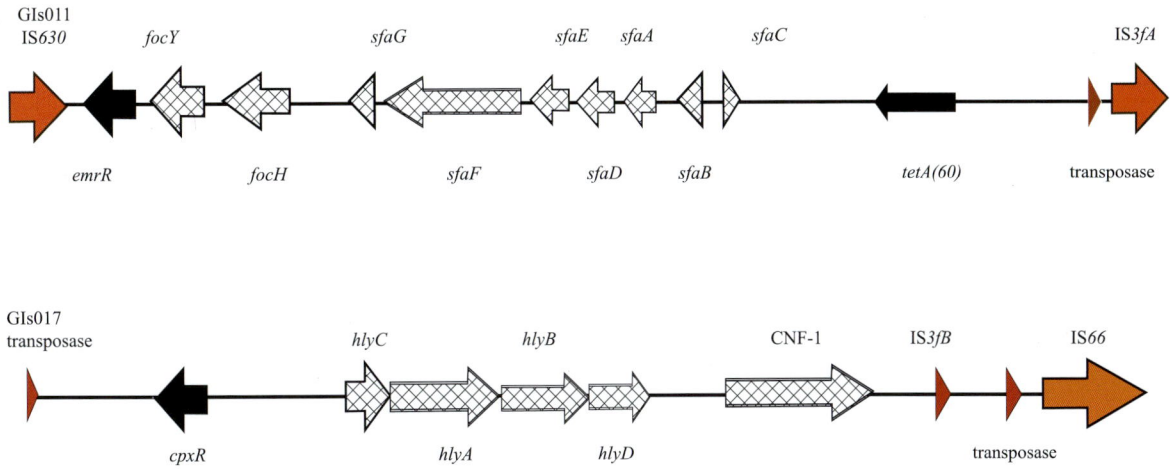

图 3-33 抗生素耐药基因和毒力基因环境示意图

(Diagram of genetic environment of antibiotic resistance and virulence genes)

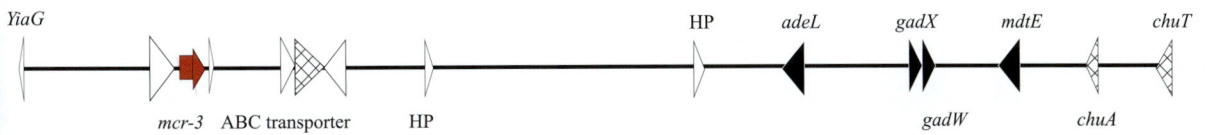

图 3-34 *mcr-3* 基因环境示意图

(Diagram of genetic environment of *mcr-3*)

此外，对多肽类耐药基因 *mcr-3* 及其侧翼环境进行分析（图 3-34），发现基因 *mcr-3* 一侧与假定抗性蛋白（putative resistance protein,PRP），并具有假定蛋白（hypothetical protein,HP）*YiaG*。另一侧与假定蛋白相连，并发现 *Capsule* 类毒力基因 *oppF* 与 ABC 转运器和假定蛋白相连，另外在基因 *mcr-3* 周围序列中还发现 *chu* 类毒力基因 *chuA* 和 *chuT* 以及外排泵基因 *adeL*、*gadX*、*gadW* 和 *mdtE*。

3.6.3.2 大肠埃希菌 ECGP15 中抗生素耐药基因分析

通过对染色体基因序列进行比对，发现大肠埃希菌 ECGP15 携带了多种类型的抗生素耐药基因，包括 11 大类 161 个抗生素耐药基因。从表 3-5 中可知，外排泵系统基因数量最多，主要包括 *macB*（13 个）、*adeL*（6 个）、*patA*（6 个）、*evgS*（6 个）等 118 个耐药基因。其次为介导糖肽类抗生素（万古霉素）耐药的 *vanTrL/TG/TC* 等 12 个耐药基因、介导多肽类抗生素（多黏菌素）耐药的 *mcr-3*、*pmrF/E/C* 等 9 个耐药基因和介导四环素类抗生素（四环素）耐药的 *tetT/B(60)/A(48)/34* 等。此外，少量介导喹诺酮类、磺胺类和 β - 内酰胺类等抗生素耐药的基因也在基因组中识别到。

表 3-5　大肠埃希菌 ECGP15 中耐药基因分析结果

(Basic information of antibiotic resistance genes in *Escherichia coli* ECGP15)

耐抗生素大类	耐药基因	基因数量
外排泵	*macB*、*adeL*、*patA*、*evgS*、*mdtF*、*TaeA*、*sav1866*、*emrR* 等	118
糖肽类	*vanTrL*、*vanTG*、*vanTC*、*vanRI*、*vanRF*、*vanRE*、*vanRB*、*vanHD*、*vanG*、*baeS*、*baeR* 等	12
多肽类	*pmrF*、*pmrE*、*pmrC*、*mcr-3*、*bassS*、*arnA*、*arlS* 等	9
四环素类	*tetT*、*tetB(60)*、*tetA(48)*、*tet34* 等	7
喹诺酮类	*gyrB*、*gyrA*、*mfd* 等	4
磺胺类	*sul3*、*leuO* 等	3
β - 内酰胺类	*mecC*、*nmcR*、*bla*CMY-63	3
多磷类	*glpT*、*murA*	2
大环内酯类	*chrB*	1
环脂肽类	*cls*	1
肽类抗生素	*bacA*	1

3.6.3.3 鲍曼不动杆菌 AB53 中抗生素耐药基因分析

通过对染色体基因序列进行比对，发现鲍曼不动杆菌 AB53 携带了多种类型的抗生素耐药基因，包括 12 大类 163 个抗生素耐药基因。从表 3-6 中可知，外排泵系统基因数量最多，主要包括 *macB*（12 个）、*patA*（7 个）、*evgS*（5 个）、*adeL*（5 个）等 112 个耐药基因。其次为介导糖肽类抗生素（万古霉素）耐药的 *vanTG/TC/RI* 等 10 个耐药基因、介导多肽类抗生素（多黏菌素）耐药的 *mcr-3*、*pmrF/E/C* 等 8 个耐药基因和介导四环素类抗生素（四环素）耐药的 *tetT/B(60)/A(48)/34* 等。此外，少量介导喹诺酮类、β–内酰胺类、磺胺类和大环内酯类等抗生素耐药的基因也在基因组中识别到。

表 3-6　鲍曼不动杆菌 AB53 中耐药基因分析结果

(Basic information of antibiotic resistance genes in *Acinetobacter baumannii* AB53)

耐抗生素大类	耐药基因	基因数量
外排泵	*macB*、*patA*、*evgS*、*adeL*、*TaeA*、*rosB*、*gadX*、*gadW* 等	112
糖肽类	*vanTG*、*vanTC*、*vanRI*、*vanRF*、*vanRE*、*vanRB*、*vanHD*、*vanG* 等	10
多肽类	*pmrF*、*pmrE*、*pmrC*、*mcr-3*、*basS*、*arnA*、*arlS* 等	8
四环素类	*tetT*、*tetB(60)*、*tetA(60)*、*tetA(48)*、*tet34* 等	7
喹诺酮类	*gyrB*、*gyrA*、*mfd*、*parC* 等	5
β–内酰胺类	*mecC*、*nmcR*、*bla*$_{CMY-63}$、*bla*$_{TEM-1}$、*bla*$_{CTX-M-64}$	5
磺胺类	*sul2*、*sul3*、*leuO* 等	4
大环内酯类	*chrB*、*mrx*、*mphA* 等	4
氨基糖苷类	*aph(6)-Id*、*aph(3")-Ib*、*aadA5*、*aadA25*	4
多磷类	*glpT*、*murA*	2
环脂肽类	*cls*	1
氯霉素类	*floR*	1

3.6.3.4 肺炎克雷伯菌 KPGP110 中抗生素耐药基因分析

通过对染色体基因序列进行比对，发现肺炎克雷伯菌 KPGP110 携带了多种类型的抗生素耐药基因，包括 11 大类 165 个抗生素耐药基因。从表 3-7 中可知，外排泵系统基因数量最多，主要包括 *macB*（13 个）、*evgS*（8 个）、*mdtF*（7 个）、*sav1866*（5 个）等 124 个耐药基因。其次为介导糖肽类抗生素（万古霉素）耐药的 *vanTG/TC/RI* 等 11 个耐药基因、介导多肽类抗生素（多黏菌素）耐药的 *mcr-3*、*pmrF/E/C* 等 9 个耐药基因和介导四环素类抗生素（四环素）耐药的 *tetT/B(60)/A(48)/34* 等。此外，少量介导喹诺酮类、磺胺类、β–内酰胺类和多磷类等抗生素耐药的基因也在基因组中识别到。

表3-7　肺炎克雷伯菌 KPGP110 中耐药基因分析结果

(Basic information of antibiotic resistance genes in *Klebsiella pneumoniae* KPGP110)

耐抗生素大类	耐药基因	基因数量
外排泵	*macB*、*evgS*、*mdtF*、*sav1866*、*patA*、*TaeA*、*adeL*、*acrD* 等	124
糖肽类	*vanTG*、*vanTC*、*vanRI*、*vanRF*、*vanRE*、*vanRB*、*vanHD*、*vanG*、*baeS*、*baeR* 等	11
多肽类	*pmrF*、*pmrE*、*pmrC*、*mcr-3*、*basS*、*arnA*、*arlS* 等	9
四环素类	*tetT*、*tetB(60)*、*tetA(48)*、*tet34* 等	7
喹诺酮类	*gyrB*、*gyrA*、*mfd* 等	4
磺胺类	*sul3*、*leuO* 等	3
β - 内酰胺类	*nmcR*、*bla*$_{CMY-63}$	2
多磷类	*glpT*、*murA*	2
大环内酯类	*chrB*	1
环脂肽类	*cls*	1
肽类	*bacA*	1

3.6.3.5　铜绿假单胞菌 PA212 中抗生素耐药基因分析

通过对染色体基因序列进行比对，发现铜绿假单胞菌 PA212 携带了多种类型的抗生素耐药基因，包括 12 大类 229 个抗生素耐药基因。从表 3-8 中可知，外排泵系统基因数量最多，主要包括 *adeL*（32 个）、*macB*（19 个）、*TriA*（11 个）、*patA*（11 个）等 173 个耐药基因。其次为介导糖肽类抗生素（万古霉素）耐药的 *vanTG/WG/RI* 等 15 个耐药基因、介导多肽类抗生素（多黏菌素）耐药的 *pmrF/E/C* 等 9 个耐药基因和介导 β - 内酰胺类抗生素耐药的 *nmcR*、*mecB*、*bla*$_{OXA-50}$ 和 *bla*$_{PDC-5}$ 等 9 个耐药基因。此外，少量介导四环素类、磺胺类和喹诺酮类等抗生素耐药的基因也在基因组中识别到。

表3-8　铜绿假单胞菌 PA212 中耐药基因分析结果

(Basic information of antibiotic resistance genes in *Pseudomonas aeruginosa* PA212)

耐抗生素大类	耐药基因	基因数量
外排泵	*adeL*、*macB*、*TriA*、*patA*、*evgS*、*sav1866*、*bcrA*、*TaeA* 等	173
糖肽类	*vanTG*、*vanWG*、*vanRI*、*vanN*、*vanHM*、*vanHB*、*vanRF*、*vanRL*、*vanG*、*baeR* 等	15
多肽类	*pmrF*、*pmrE*、*pmrC*、*basS*、*arnA* 等	9
β - 内酰胺类	*nmcR*、*mecB*、*bla*$_{OXA-50}$、*bla*$_{PDC-5}$ 等	9
四环素类	*tetT*、*tetA(48)*、*tetA* 等	5
磺胺类	*sul3*、*leuO* 等	5
喹诺酮类	*gyrB*、*gyrA*、*mfd* 等	4
环脂肽类	*cls* 等	3
多磷类	*fosA*、*murA*	2
氨基糖苷类	*aph(6)-Ic*、*aph(3')-IIb*	2
大环内酯类	*rlmA(II)*	1
肽类	*bacA*	1

4 不同大熊猫个体肠道细菌

对抗生素的耐药性

雅安碧峰峡基地

姓名：蔓兰

性别：雌

出生日期：2017 年 8 月 13 日

谱系号：1104

地点：雅安碧峰峡基地

表 4-1 蔓兰肠道细菌耐药表

抗生素	大肠埃希菌	肠球菌
红霉素	—	S
阿奇霉素	0.25/S	0.25/S
卡那霉素	S	—
庆大霉素	S	—
诺氟沙星	S	S
氧氟沙星	S	—
环丙沙星	S	S
洛美沙星	S	—
左氧氟沙星	S	S
磺胺嘧啶	R	—
甲氧苄啶	S	I
头孢曲松	0.125/S	8/—
头孢克肟	0.125/S	32/—
氨苄西林	S	S
阿莫西林	S	—
阿莫西林/克拉维酸	0.25	1
氨曲南	0.125/S	128/—
亚胺培南	0.125/S	32/—
四环素	S	S

注：S, susceptible, 敏感；I, intermidiate, 中介；R, resistant, 耐药；—, 无制定标准；表中数值为测定 MIC，单位 mg/L，下同。

推荐用药

阿奇霉素、诺氟沙星、环丙沙星、洛美沙星、左氧氟沙星、头孢曲松、头孢克肟、氨曲南、亚胺培南、四环素。

说 明

此研究中推荐用药依据对革兰阳性/阴性（G^+/G^-）菌均敏感的药物，在大熊猫细菌感染的治疗中，应根据实际情况选择使用抗生素。

姓名：如如

性别：雄

出生日期：2017 年 8 月 13 日

谱系号：1103

地点：雅安碧峰峡基地

表 4-2　如如肠道细菌耐药表

抗生素	大肠埃希菌	肠球菌
红霉素	—	I
卡那霉素	S	—
庆大霉素	S	—
阿奇霉素	0.25/S	0.5/—
诺氟沙星	S	S
氧氟沙星	S	—
环丙沙星	S	S
洛美沙星	S	—
左氧氟沙星	S	S
磺胺嘧啶	S	—
甲氧苄啶	S	I
头孢曲松	0.125/S	4/—
头孢克肟	0.125/S	≥ 256/—
氨苄西林	S	S
阿莫西林	S	—
阿莫西林 / 克拉维酸	0.125	0.5
氨曲南	0.125/S	128/—
亚胺培南	0.125/S	4/—
四环素	S	S

推荐用药

阿奇霉素、诺氟沙星、氧氟沙星、环丙沙星、洛美沙星、左氧氟沙星、磺胺嘧啶、甲氧苄啶、头孢曲松、头孢克肟、氨苄西林、阿莫西林、阿莫西林 / 克拉维酸、氨曲南、亚胺培南、四环素。

姓名：格格

性别：雌

出生日期：2003 年 9 月 6 日

谱系号：571

地点：雅安碧峰峡基地

表 4-3　格格肠道细菌耐药表

抗生素	大肠埃希菌	肠球菌
红霉素	—	S
卡那霉素	S	—
庆大霉素	S	—
阿奇霉素	0.25/S	0.125/—
诺氟沙星	S	S
氧氟沙星	S	—
环丙沙星	S	S
洛美沙星	S	—
左氧氟沙星	S	S
磺胺嘧啶	S	—
甲氧苄啶	S	R
头孢曲松	0.125/S	1/—
头孢克肟	0.125/S	64/—
氨苄西林	S	S
阿莫西林	S	—
阿莫西林 / 克拉维酸	0.125/S	0.25/S
氨曲南	0.125/S	128/—
亚胺培南	0.125/S	32/—
四环素	S	S

推荐用药

卡那霉素、庆大霉素、阿奇霉素、诺氟沙星、氧氟沙星、环丙沙星、洛美沙星、左氧氟沙星、磺胺嘧啶、头孢曲松、氨苄西林、阿莫西林 / 克拉维酸、四环素。

姓名：贡贡

性别：雄

出生日期：2013 年 8 月 18 日

谱系号：890

地点：雅安碧峰峡基地

表 4-4 贡贡肠道细菌耐药表

抗生素	大肠埃希菌	肠球菌
红霉素	—	S
卡那霉素	S	—
庆大霉素	S	—
阿奇霉素	0.125/S	0.5/—
诺氟沙星	S	S
氧氟沙星	S	—
环丙沙星	S	R
洛美沙星	S	—
左氧氟沙星	S	S
磺胺嘧啶	S	—
甲氧苄啶	S	I
头孢曲松	0.125/S	32/—
头孢克肟	0.125/S	64/—
氨苄西林	S	S
阿莫西林	S	—
阿莫西林 / 克拉维酸	0.25	1
氨曲南	0.125/S	128/—
亚胺培南	0.125/S	64/—
四环素	S	S

推荐用药

阿奇霉素、诺氟沙星、环丙沙星、左氧氟沙星、氨苄西林、阿莫西林 / 克拉维酸、四环素。

姓名：汉嫒

性别：雌

出生日期：2008 年 7 月 21 日

谱系号：708

地点：雅安碧峰峡基地

表4-5 汉嫒肠道细菌耐药表

抗生素	大肠埃希菌	肠球菌
红霉素	—	I
卡那霉素	S	—
庆大霉素	S	—
阿奇霉素	1/S	32/—
诺氟沙星	S	S
氧氟沙星	S	—
环丙沙星	S	S
洛美沙星	S	—
左氧氟沙星	S	S
磺胺嘧啶	R	—
甲氧苄啶	S	I
头孢曲松	0.125/S	32/—
头孢克肟	0.125/S	64/—
氨苄西林	S	—
阿莫西林	S	—
阿莫西林 / 克拉维酸	2	1
氨曲南	0.125/S	≥ 256/—
亚胺培南	0.125/S	64/—
四环素	S	R

推荐用药

诺氟沙星、环丙沙星、左氧氟沙星、甲氧苄啶、氨苄西林、阿莫西林 / 克拉维酸。

姓名：鸿禧

性别：雄

出生日期：2016 年 8 月 4 日

谱系号：1023

地点：雅安碧峰峡基地

表 4-6　鸿禧肠道细菌耐药表

抗生素	大肠埃希菌	肠球菌
红霉素	—	S
卡那霉素	S	—
庆大霉素	S	—
阿奇霉素	2/S	1/—
诺氟沙星	S	S
氧氟沙星	S	—
环丙沙星	S	I
洛美沙星	S	—
左氧氟沙星	S	S
磺胺嘧啶	R	—
甲氧苄啶	S	I
头孢曲松	0.125/S	32/—
头孢克肟	0.25/S	≥ 256/—
氨苄西林	S	S
阿莫西林	S	—
阿莫西林 / 克拉维酸	2	1
氨曲南	0.125/S	128/—
亚胺培南	0.125/S	64/—
四环素	S	S

推荐用药

阿奇霉素、诺氟沙星、环丙沙星、左氧氟沙星、甲氧苄啶、氨苄西林、阿莫西林 / 克拉维酸、四环素。

姓名：华虎

性别：雄

出生日期：2013 年 7 月 6 日

谱系号：865

地点：雅安碧峰峡基地

表 4-7　华虎肠道细菌耐药表

抗生素	大肠埃希菌	肠球菌
红霉素	—	S
卡那霉素	S	—
庆大霉素	S	—
阿奇霉素	2/S	0.125/—
诺氟沙星	I	S
氧氟沙星	S	—
环丙沙星	S	S
洛美沙星	S	—
左氧氟沙星	S	S
磺胺嘧啶	R	—
甲氧苄啶	S	I
头孢曲松	0.125/S	16/—
头孢克肟	0.125/S	64/—
氨苄西林	S	S
阿莫西林	S	—
阿莫西林/克拉维酸	2	0.5
氨曲南	0.125/S	128/—
亚胺培南	0.25/S	32/—
四环素	S	S

推荐用药

阿奇霉素、诺氟沙星、环丙沙星、左氧氟沙星、甲氧苄啶、氨苄西林、阿莫西林/克拉维酸、四环素。

姓名：华龙

性别：雄

出生日期：2007 年 7 月 16 日

谱系号：668

地点：雅安碧峰峡基地

表 4-8　华龙肠道细菌耐药表

抗生素	大肠埃希菌	肠球菌
红霉素	—	S
卡那霉素	S	—
庆大霉素	S	—
阿奇霉素	0.125/S	0.125/—
诺氟沙星	S	S
氧氟沙星	S	—
环丙沙星	S	S
洛美沙星	S	—
左氧氟沙星	S	S
磺胺嘧啶	R	—
甲氧苄啶	S	I
头孢曲松	0.125/S	2/—
头孢克肟	0.125/S	64/—
氨苄西林	S	S
阿莫西林	S	—
阿莫西林 / 克拉维酸	2	1
氨曲南	0.125/S	128/—
亚胺培南	0.125/S	32/—
四环素	R	S

推荐用药

阿奇霉素、诺氟沙星、环丙沙星、左氧氟沙星、头孢曲松、氨苄西林、阿莫西林 / 克拉维酸。

姓名：华阳

性别：雄

出生日期：2013 年 8 月 12 日

谱系号：886

地点：雅安碧峰峡基地

表 4-9　华阳肠道细菌耐药表

抗生素	大肠埃希菌	肠球菌
红霉素	—	S
卡那霉素	S	—
庆大霉素	S	—
阿奇霉素	0.25/S	0.5/—
诺氟沙星	S	S
氧氟沙星	S	—
环丙沙星	S	S
洛美沙星	S	—
左氧氟沙星	S	S
磺胺嘧啶	S	—
甲氧苄啶	S	I
头孢曲松	0.125/S	16/—
头孢克肟	0.125/S	64/—
氨苄西林	S	S
阿莫西林	S	—
阿莫西林 / 克拉维酸	0.125	1
氨曲南	0.125/S	128/—
亚胺培南	0.125/S	64/—
四环素	S	S

推荐用药

阿奇霉素、诺氟沙星、环丙沙星、左氧氟沙星、甲氧苄啶、氨苄西林、阿莫西林 / 克拉维酸、四环素。

姓名：芦芦

性别：雄

出生日期：1999 年 9 月 1 日

谱系号：503

地点：雅安碧峰峡基地

表4-10　芦芦肠道细菌耐药表

抗生素	大肠埃希菌	肠球菌
红霉素	—	R
卡那霉素	S	—
庆大霉素	S	—
阿奇霉素	0.25/S	0.125/—
诺氟沙星	S	S
氧氟沙星	S	—
环丙沙星	S	S
洛美沙星	S	—
左氧氟沙星	S	S
磺胺嘧啶	R	—
甲氧苄啶	S	I
头孢曲松	0.125/S	8/—
头孢克肟	0.125/S	8/—
氨苄西林	S	S
阿莫西林	S	—
阿莫西林/克拉维酸	0.125	0.125
氨曲南	0.125/S	≥ 256/—
亚胺培南	0.25/S	8/—
四环素	S	R

推荐用药

阿奇霉素、诺氟沙星、环丙沙星、左氧氟沙星、甲氧苄啶、氨苄西林、阿莫西林/克拉维酸。

姓名：禄禄

性别：雌

出生日期：2014 年 8 月 16 日

谱系号：936

地点：雅安碧峰峡基地

表4-11　禄禄肠道细菌耐药表

抗生素	大肠埃希菌	肠球菌
红霉素	—	S
卡那霉素	S	—
庆大霉素	S	—
阿奇霉素	2/S	0.125/—
诺氟沙星	S	S
氧氟沙星	S	—
环丙沙星	S	S
洛美沙星	S	—
左氧氟沙星	S	S
磺胺嘧啶	R	—
甲氧苄啶	S	S
头孢曲松	0.125/S	0.125/—
头孢克肟	0.25/S	0.125/—
氨苄西林	S	S
阿莫西林	S	—
阿莫西林/克拉维酸	2	1
氨曲南	0.125/S	0.125/—
亚胺培南	0.125/S	0.125/—
四环素	R	S

推荐用药

阿奇霉素、诺氟沙星、环丙沙星、左氧氟沙星、甲氧苄啶、氨苄西林、阿莫西林/克拉维酸。

姓名：盼青

性别：雌

出生日期：2016年8月4日

谱系号：1024

地点：雅安碧峰峡基地

表4-12　盼青肠道细菌耐药表

抗生素	大肠埃希菌	肠球菌
红霉素	—	S
卡那霉素	S	—
庆大霉素	S	—
阿奇霉素	0.25/S	0.25/—
诺氟沙星	S	S
氧氟沙星	S	—
环丙沙星	S	S
洛美沙星	S	—
左氧氟沙星	S	S
磺胺嘧啶	S	—
甲氧苄啶	S	I
头孢曲松	0.125/S	16/—
头孢克肟	0.125/S	64/—
氨苄西林	S	S
阿莫西林	S	—
阿莫西林/克拉维酸	0.125	1
氨曲南	0.125/S	128/—
亚胺培南	0.125/S	64/—
四环素	S	S

推荐用药

阿奇霉素、诺氟沙星、环丙沙星、左氧氟沙星、甲氧苄啶、氨苄西林、阿莫西林/克拉维酸、四环素。

姓名：茜茜

性别：雌

出生日期：1998 年 8 月 13 日

谱系号：476

地点：雅安碧峰峡基地

表 4-13 茜茜肠道细菌耐药表

抗生素	大肠埃希菌	肠球菌
红霉素	—	S
卡那霉素	S	—
庆大霉素	S	—
阿奇霉素	0.125/S	0.125/—
诺氟沙星	S	S
氧氟沙星	S	
环丙沙星	S	S
洛美沙星	S	
左氧氟沙星	S	S
磺胺嘧啶	R	—
甲氧苄啶	S	S
头孢曲松	0.125/S	0.125/—
头孢克肟	0.25/S	0.125/—
氨苄西林	S	S
阿莫西林	S	—
阿莫西林/克拉维酸	4	0.5
氨曲南	0.125/S	0.125/—
亚胺培南	0.125/S	0.125/—
四环素	S	S

推荐用药

阿奇霉素、诺氟沙星、环丙沙星、左氧氟沙星、甲氧苄啶、氨苄西林、阿莫西林/克拉维酸、四环素。

姓名：硗远

性别：雌

出生日期：1993 年 9 月 1 日

谱系号：416

地点：雅安碧峰峡基地

表 4-14　硗远肠道细菌耐药表

抗生素	大肠埃希菌	肠球菌
红霉素	—	S
卡那霉素	S	—
庆大霉素	S	—
阿奇霉素	0.125/S	0.125/—
诺氟沙星	S	S
氧氟沙星	S	—
环丙沙星	S	S
洛美沙星	S	—
左氧氟沙星	S	S
磺胺嘧啶	R	—
甲氧苄啶	S	I
头孢曲松	0.125/S	1/—
头孢克肟	0.125/S	64/—
氨苄西林	S	S
阿莫西林	S	—
阿莫西林 / 克拉维酸	0.5	0.25
氨曲南	0.125/S	128/—
亚胺培南	0.125/S	32/—
四环素	S	S

推荐用药

阿奇霉素、诺氟沙星、环丙沙星、左氧氟沙星、甲氧苄啶、氨苄西林、阿莫西林 / 克拉维酸、四环素。

姓名：乔伊

性别：雌

出生日期：2016 年 8 月 11 日

谱系号：1030

地点：雅安碧峰峡基地

表 4-15　乔伊肠道细菌耐药表

抗生素	大肠埃希菌	肠球菌
红霉素	—	S
卡那霉素	S	—
庆大霉素	S	—
阿奇霉素	0.125/S	1/—
诺氟沙星	S	S
氧氟沙星	S	—
环丙沙星	S	I
洛美沙星	S	—
左氧氟沙星	S	S
磺胺嘧啶	S	—
甲氧苄啶	S	I
头孢曲松	0.125/S	32/—
头孢克肟	0.25/S	≥ 256/—
氨苄西林	S	S
阿莫西林	S	—
阿莫西林 / 克拉维酸	0.125	0.5
氨曲南	0.125/S	128/—
亚胺培南	0.125/S	32/—
四环素	S	S

推荐用药

阿奇霉素、诺氟沙星、环丙沙星、左氧氟沙星、甲氧苄啶、氨苄西林、阿莫西林 / 克拉维酸、四环素。

姓名：融融

性别：雄

出生日期：2004 年 7 月 13 日

谱系号：582

地点：雅安碧峰峡基地

表 4-16 融融肠道细菌耐药表

抗生素	大肠埃希菌	肠球菌
红霉素	—	S
卡那霉素	S	—
庆大霉素	S	—
阿奇霉素	2/S	0.5/—
诺氟沙星	S	S
氧氟沙星	I	—
环丙沙星	S	S
洛美沙星	S	—
左氧氟沙星	S	S
磺胺嘧啶	R	—
甲氧苄啶	S	I
头孢曲松	0.25/S	16/—
头孢克肟	0.125/S	64/—
氨苄西林	S	S
阿莫西林	S	—
阿莫西林/克拉维酸	2	1
氨曲南	0.125/S	16/—
亚胺培南	0.125/S	32/—
四环素	S	R

推荐用药

　　阿奇霉素、诺氟沙星、环丙沙星、左氧氟沙星、甲氧苄啶、氨苄西林、阿莫西林/克拉维酸。

姓名：森森

性别：雄

出生日期：2013 年 8 月 29 日

谱系号：905

地点：雅安碧峰峡基地

表 4-17 森森肠道细菌耐药表

抗生素	大肠埃希菌	肠球菌
红霉素	—	S
卡那霉素	S	—
庆大霉素	S	—
阿奇霉素	0.125/S	0.5/—
诺氟沙星	S	S
氧氟沙星	S	—
环丙沙星	S	S
洛美沙星	S	—
左氧氟沙星	S	S
磺胺嘧啶	S	—
甲氧苄啶	S	I
头孢曲松	0.125/S	32/—
头孢克肟	0.125/S	64/—
氨苄西林	S	S
阿莫西林	S	—
阿莫西林/克拉维酸	0.125	1
氨曲南	0.125/S	128/—
亚胺培南	0.125/S	64/—
四环素	S	S

推荐用药

阿奇霉素、诺氟沙星、环丙沙星、左氧氟沙星、甲氧苄啶、氨苄西林、阿莫西林/克拉维酸、四环素。

姓名：淑琴

性别：雌

出生日期：2009 年 8 月 26 日

谱系号：756

地点：雅安碧峰峡基地

表 4-18　淑琴肠道细菌耐药表

抗生素	大肠埃希菌	肠球菌
红霉素	——	R
卡那霉素	S	——
庆大霉素	S	——
阿奇霉素	2/S	≥ 256/——
诺氟沙星	S	S
氧氟沙星	S	——
环丙沙星	S	S
洛美沙星	S	——
左氧氟沙星	S	S
磺胺嘧啶	R	——
甲氧苄啶	S	I
头孢曲松	0.1/S	≥ 256/——
头孢克肟	0.1/S	≥ 256/——
氨苄西林	S	S
阿莫西林	S	——
阿莫西林 / 克拉维酸	2	1
氨曲南	0.1/S	≥ 256/——
亚胺培南	0.25/S	64/——
四环素	R	R

推荐用药

诺氟沙星、环丙沙星、左氧氟沙星、甲氧苄啶、氨苄西林、阿莫西林 / 克拉维酸。

姓名：舜舜

性别：雄

出生日期：2013 年 8 月 27 日

谱系号：902

地点：雅安碧峰峡基地

表 4-19　舜舜肠道细菌耐药表

抗生素	大肠埃希菌	肠球菌
红霉素	—	S
卡那霉素	S	—
庆大霉素	S	—
阿奇霉素	0.25/S	0.5/—
诺氟沙星	S	S
氧氟沙星	I	—
环丙沙星	S	S
洛美沙星	S	—
左氧氟沙星	S	S
磺胺嘧啶	R	—
甲氧苄啶	S	I
头孢曲松	0.125/S	32/—
头孢克肟	0.125/S	64/—
氨苄西林	S	S
阿莫西林	S	—
阿莫西林/克拉维酸	2	1
氨曲南	0.125/S	128/—
亚胺培南	0.125/S	32/—
四环素	S	R

推荐用药

诺氟沙星、环丙沙星、左氧氟沙星、甲氧苄啶、氨苄西林、阿奇霉素、阿莫西林/克拉维酸。

姓名：彤彤

性别：雄

出生日期：2004 年 8 月 30 日

谱系号：586

地点：雅安碧峰峡基地

表4-20 彤彤肠道细菌耐药表

抗生素	克雷伯菌	大肠埃希菌
红霉素	—	—
卡那霉素	S	S
庆大霉素	S	S
阿奇霉素	8/S	1/—
诺氟沙星	I	S
氧氟沙星	S	S
环丙沙星	S	S
洛美沙星	S	S
左氧氟沙星	S	S
磺胺嘧啶	R	S
甲氧苄啶	S	S
头孢曲松	0.125/S	0.125/S
头孢克肟	0.125/S	0.125/S
氨苄西林	I	S
阿莫西林	R	S
阿莫西林/克拉维酸	8	0.25
氨曲南	0.125/S	0.125/S
亚胺培南	0.25/S	0.125/S
四环素	S	S

推荐用药

卡那霉素、庆大霉素、阿奇霉素、诺氟沙星、氧氟沙星、环丙沙星、洛美沙星、左氧氟沙星、甲氧苄啶、头孢曲松、头孢克肟、氨苄西林、氨曲南、亚胺培南、阿莫西林/克拉维酸、四环素。

姓名：禧禧

性别：雄

出生日期：2014 年 8 月 16 日

谱系号：937

地点：雅安碧峰峡基地

表 4-21 禧禧肠道细菌耐药表

抗生素	大肠埃希菌	肠球菌
红霉素	—	I
卡那霉素	S	—
庆大霉素	S	—
阿奇霉素	0.5/S	8/—
诺氟沙星	S	S
氧氟沙星	S	—
环丙沙星	S	S
洛美沙星	S	—
左氧氟沙星	S	S
磺胺嘧啶	R	—
甲氧苄啶	S	I
头孢曲松	0.125/S	8/—
头孢克肟	0.25/S	32/—
氨苄西林	S	S
阿莫西林	S	—
阿莫西林/克拉维酸	4	0.5
氨曲南	0.125/S	≥ 256/—
亚胺培南	0.125/S	64/—
四环素	S	R

推荐用药

阿奇霉素、诺氟沙星、环丙沙星、左氧氟沙星、甲氧苄啶、氨苄西林、阿莫西林/克拉维酸。

姓名：香芦

性别：雄

出生日期：2009 年 7 月 23 日

谱系号：747

地点：雅安碧峰峡基地

表 4-22　香芦肠道细菌耐药表

抗生素	大肠埃希菌	肠球菌
红霉素	—	S
卡那霉素	S	—
庆大霉素	S	—
阿奇霉素	2/S	0.125/—
诺氟沙星	S	S
氧氟沙星	S	—
环丙沙星	I	S
洛美沙星	S	—
左氧氟沙星	S	S
磺胺嘧啶	R	—
甲氧苄啶	S	I
头孢曲松	0.125/S	2/—
头孢克肟	0.25/S	≥ 256/—
氨苄西林	R	S
阿莫西林	R	—
阿莫西林 / 克拉维酸	16	0.5
氨曲南	0.125/S	128/—
亚胺培南	0.125/S	32/—
四环素	2	S

推荐用药

阿奇霉素、诺氟沙星、环丙沙星、左氧氟沙星、甲氧苄啶、阿莫西林 / 克拉维酸。

姓名：绣球

性别：雌

出生日期：2016 年 9 月 5 日

谱系号：1045

地点：雅安碧峰峡基地

表 4-23　绣球肠道细菌耐药表

抗生素	大肠埃希菌	肠球菌
红霉素	—	I
卡那霉素	S	—
庆大霉素	S	—
阿奇霉素	1/S	8/—
诺氟沙星	S	S
氧氟沙星	S	—
环丙沙星	I	S
洛美沙星	S	—
左氧氟沙星	S	S
磺胺嘧啶	R	—
甲氧苄啶	S	I
头孢曲松	0.125/S	4/—
头孢克肟	0.25/S	32/—
氨苄西林	S	S
阿莫西林	S	—
阿莫西林/克拉维酸	2	1
氨曲南	0.125/S	≥ 256/—
亚胺培南	0.125/S	32/—
四环素	R	R

推荐用药

阿奇霉素、诺氟沙星、环丙沙星、左氧氟沙星、甲氧苄啶、氨苄西林、阿莫西林/克拉维酸。

姓名：阳花

性别：雌

出生日期：2010 年 8 月 25 日

谱系号：791

地点：雅安碧峰峡基地

表 4-24 阳花肠道细菌耐药表

抗生素	大肠埃希菌	肠球菌
红霉素	—	S
卡那霉素	S	—
庆大霉素	S	—
阿奇霉素	0.25/S	0.25/—
诺氟沙星	S	S
氧氟沙星	S	—
环丙沙星	S	S
洛美沙星	S	—
左氧氟沙星	S	S
磺胺嘧啶	R	—
甲氧苄啶	S	I
头孢曲松	0.125/S	8/—
头孢克肟	0.125/S	32/—
氨苄西林	S	S
阿莫西林	S	—
阿莫西林/克拉维酸	0.25	1
氨曲南	0.125/S	128/—
亚胺培南	0.125/S	32/—
四环素	S	S

推荐用药

阿奇霉素、诺氟沙星、环丙沙星、左氧氟沙星、甲氧苄啶、氨苄西林、阿莫西林/克拉维酸、四环素。

姓名：怡畅

性别：雌

出生日期：2012 年 7 月 25 日

谱系号：838

地点：雅安碧峰峡基地

表 4-25　怡畅肠道细菌耐药表

抗生素	大肠埃希菌	肠球菌
红霉素	—	S
卡那霉素	S	—
庆大霉素	S	—
阿奇霉素	2/S	0.125/—
诺氟沙星	S	S
氧氟沙星	I	—
环丙沙星	I	S
洛美沙星	S	—
左氧氟沙星	S	S
磺胺嘧啶	R	—
甲氧苄啶	R	I
头孢曲松	0.125/S	0.5/—
头孢克肟	0.125/S	1/—
氨苄西林	I	S
阿莫西林	R	—
阿莫西林 / 克拉维酸	8	0.125
氨曲南	0.125/S	128/—
亚胺培南	0.25/S	0.125/—
四环素	R	S

推荐用药

阿奇霉素、诺氟沙星、环丙沙星、左氧氟沙星、氨苄西林、阿莫西林 / 克拉维酸。

姓名：怡然

性别：雌

出生日期：2012 年 7 月 24 日

谱系号：837

地点：雅安碧峰峡基地

表 4-26 怡然肠道细菌耐药表

抗生素	大肠埃希菌	肠球菌
红霉素	—	S
卡那霉素	R	—
庆大霉素	S	—
阿奇霉素	0.125/S	2/—
诺氟沙星	S	S
氧氟沙星	I	—
环丙沙星	I	S
洛美沙星	S	—
左氧氟沙星	S	S
磺胺嘧啶	R	—
甲氧苄啶	R	I
头孢曲松	0.125/S	4/—
头孢克肟	0.125/S	32/—
氨苄西林	R	S
阿莫西林	R	—
阿莫西林 / 克拉维酸	16	1
氨曲南	0.125/S	≥ 256/—
亚胺培南	0.125/S	32/—
四环素	R	R

推荐用药

阿奇霉素、诺氟沙星、环丙沙星、左氧氟沙星、阿莫西林 / 克拉维酸。

姓名：瑛华

性别：雌

出生日期：2003 年 8 月 17 日

谱系号：556

地点：雅安碧峰峡基地

表 4-27 瑛华肠道细菌耐药表

抗生素	大肠埃希菌	肠球菌
红霉素	—	S
卡那霉素	S	—
庆大霉素	S	—
阿奇霉素	0.5/S	0.125/—
诺氟沙星	S	S
氧氟沙星	S	—
环丙沙星	S	S
洛美沙星	S	—
左氧氟沙星	S	S
磺胺嘧啶	R	—
甲氧苄啶	S	I
头孢曲松	0.125/S	1/—
头孢克肟	0.25/S	64/—
氨苄西林	S	S
阿莫西林	S	—
阿莫西林 / 克拉维酸	2	0.25
氨曲南	0.125/S	128/—
亚胺培南	0.125/S	8/—
四环素	S	R

推荐用药

阿奇霉素、诺氟沙星、环丙沙星、左氧氟沙星、甲氧苄啶、氨苄西林、阿莫西林 / 克拉维酸。

姓名：优优

性别：雌

出生日期：1998 年 8 月 3 日

谱系号：474

地点：雅安碧峰峡基地

表 4-28　优优肠道细菌耐药表

抗生素	大肠埃希菌	肠球菌
红霉素	—	S
卡那霉素	S	—
庆大霉素	S	—
阿奇霉素	0.25/S	0.5/—
诺氟沙星	S	S
氧氟沙星	S	—
环丙沙星	S	S
洛美沙星	S	—
左氧氟沙星	S	S
磺胺嘧啶	R	—
甲氧苄啶	S	I
头孢曲松	0.125/S	32/—
头孢克肟	0.25/S	64/—
氨苄西林	S	S
阿莫西林	S	—
阿莫西林 / 克拉维酸	4	0.5
氨曲南	0.125/S	128/—
亚胺培南	0.125/S	64/—
四环素	S	S

推荐用药

阿奇霉素、诺氟沙星、环丙沙星、左氧氟沙星、甲氧苄啶、氨苄西林、阿莫西林 / 克拉维酸、四环素。

姓名：正正

性别：雌

出生日期：2012 年 7 月 11 日

谱系号：834

地点：雅安碧峰峡基地

表 4-29 正正肠道细菌耐药表

抗生素	大肠埃希菌	肠球菌
红霉素	—	S
卡那霉素	S	—
庆大霉素	S	—
阿奇霉素	2/S	0.125/—
诺氟沙星	S	S
氧氟沙星	S	—
环丙沙星	S	S
洛美沙星	S	—
左氧氟沙星	S	S
磺胺嘧啶	R	—
甲氧苄啶	S	R
头孢曲松	0.125/S	2/—
头孢克肟	0.25/S	64/—
氨苄西林	S	S
阿莫西林	S	—
阿莫西林 / 克拉维酸	4	0.125
氨曲南	0.125/S	128/—
亚胺培南	0.125/S	32/—
四环素	S	S

推荐用药

阿奇霉素、诺氟沙星、环丙沙星、左氧氟沙星、氨苄西林、阿莫西林 / 克拉维酸、四环素。

姓名：紫烟

性别：雄

出生日期：2009 年 8 月 14 日

谱系号：752

地点：雅安碧峰峡基地

表 4-30 紫烟肠道细菌耐药表

抗生素	大肠埃希菌	肠球菌
红霉素	—	S
卡那霉素	S	—
庆大霉素	S	—
阿奇霉素	2/S	0.125/—
诺氟沙星	S	S
氧氟沙星	S	—
环丙沙星	S	S
洛美沙星	S	—
左氧氟沙星	S	S
磺胺嘧啶	R	—
甲氧苄啶	S	R
头孢曲松	0.125/S	1/—
头孢克肟	0.125/S	≥ 256/—
氨苄西林	S	S
阿莫西林	S	—
阿莫西林 / 克拉维酸	2	0.25
氨曲南	0.125/S	128/—
亚胺培南	0.25/S	32/—
四环素	S	S

推荐用药

阿奇霉素、诺氟沙星、环丙沙星、左氧氟沙星、氨苄西林、阿莫西林 / 克拉维酸、四环素。

都江堰青城山基地

姓名：冰冰

性别：雌

出生日期：2015 年 8 月 18 日

谱系号：976

地点：都江堰青城山基地

表 4-31　冰冰肠道细菌耐药表

抗生素	大肠埃希菌	肠球菌
红霉素	—	S
卡那霉素	S	—
庆大霉素	S	—
阿奇霉素	1/S	0.125/—
诺氟沙星	S	S
氧氟沙星	S	—
环丙沙星	S	S
洛美沙星	S	—
左氧氟沙星	S	S
磺胺嘧啶	R	—
甲氧苄啶	S	R
头孢曲松	0.125/S	1/—
头孢克肟	0.125/S	≥ 256/—
氨苄西林	R	S
阿莫西林	R	—
阿莫西林 / 克拉维酸	16	0.25
氨曲南	0.125/S	128/—
亚胺培南	0.25/S	8/—
四环素	S	S

推荐用药

阿奇霉素、诺氟沙星、环丙沙星、左氧氟沙星、氨苄西林、四环素。

姓名：冰成

性别：雄

出生日期：2014 年 8 月 22 日

谱系号：938

地点：都江堰青城山基地

表 4-32　冰成肠道细菌耐药表

抗生素	大肠埃希菌	肠球菌
红霉素	—	S
卡那霉素	S	—
庆大霉素	S	—
阿奇霉素	1/S	2/—
诺氟沙星	S	S
氧氟沙星	I	—
环丙沙星	S	S
洛美沙星	S	—
左氧氟沙星	S	S
磺胺嘧啶	R	—
甲氧苄啶	R	I
头孢曲松	0.125/S	0.25/—
头孢克肟	0.25/S	0.125/—
氨苄西林	S	R
阿莫西林	S	—
阿莫西林 / 克拉维酸	2	2
氨曲南	0.125/S	0.125/—
亚胺培南	0.25/S	8/—
四环素	R	S

推荐用药

诺氟沙星、环丙沙星、左氧氟沙星、阿莫西林 / 克拉维酸。

姓名：明明

性别：雄

出生日期：2017 年 8 月 7 日

谱系号：1098

地点：都江堰青城山基地

表 4-33 明明肠道细菌耐药表

抗生素	大肠埃希菌	肠球菌
红霉素	—	S
卡那霉素	S	—
庆大霉素	S	—
阿奇霉素	0.25/S	1/—
诺氟沙星	S	S
氧氟沙星	S	—
环丙沙星	S	S
洛美沙星	S	—
左氧氟沙星	S	S
磺胺嘧啶	S	—
甲氧苄啶	S	I
头孢曲松	0.125/S	16/—
头孢克肟	0.125/S	≥ 256
氨苄西林	S	S
阿莫西林	S	—
阿莫西林 / 克拉维酸	0.25	1
氨曲南	0.125/S	128/—
亚胺培南	0.125/S	32/—
四环素	S	S

推荐用药

诺氟沙星、环丙沙星、左氧氟沙星、甲氧苄啶、氨苄西林、阿莫西林 / 克拉维酸、阿奇霉素、四环素。

姓名：戴立

性别：雄

出生日期：1999 年 9 月 1 日

谱系号：542

地点：都江堰青城山基地

表 4-34 戴立肠道细菌耐药表

抗生素	大肠埃希菌	克雷伯菌
红霉素	—	—
卡那霉素	S	S
庆大霉素	S	S
阿奇霉素	2/S	4/S
诺氟沙星	S	I
氧氟沙星	I	I
环丙沙星	S	I
洛美沙星	S	S
左氧氟沙星	S	S
磺胺嘧啶	R	R
甲氧苄啶	R	R
头孢曲松	0.125/S	0.125/S
头孢克肟	0.125/S	0.125/S
氨苄西林	R	R
阿莫西林	R	R
阿莫西林 / 克拉维酸	16	4
氨曲南	0.125/S	0.125/S
亚胺培南	0.25/S	0.25/S
四环素	R	R

推荐用药

卡那霉素、庆大霉素、阿奇霉素、诺氟沙星、氧氟沙星、环丙沙星、洛美沙星、左氧氟沙星、氨曲南、亚胺培南。

姓名：迪迪

性别：雄

出生日期：1994 年 4 月 5 日

谱系号：413

地点：都江堰青城山基地

表4-35　迪迪肠道细菌耐药表

抗生素	大肠埃希菌	肠球菌
红霉素	—	S
卡那霉素	S	—
庆大霉素	S	—
阿奇霉素	1/S	0.125/—
诺氟沙星	S	S
氧氟沙星	I	—
环丙沙星	S	S
洛美沙星	S	—
左氧氟沙星	S	S
磺胺嘧啶	R	—
甲氧苄啶	R	R
头孢曲松	0.125/S	2/—
头孢克肟	0.125/S	≥ 256/—
氨苄西林	R	S
阿莫西林	R	—
阿莫西林 / 克拉维酸	0.5	0.25
氨曲南	0.125/S	128/—
亚胺培南	0.125/S	32/—
四环素	R	S

推荐用药

诺氟沙星、环丙沙星、左氧氟沙星、阿莫西林 / 克拉维酸、阿奇霉素。

姓名：福豹

性别：雄

出生日期：2013 年 8 月 14 日

谱系号：887

地点：都江堰青城山基地

表4-36 福豹肠道细菌耐药表

抗生素	大肠埃希菌	肠球菌
红霉素	—	S
卡那霉素	S	—
庆大霉素	S	—
阿奇霉素	0.5/S	0.5/—
诺氟沙星	S	S
氧氟沙星	S	—
环丙沙星	S	S
洛美沙星	S	—
左氧氟沙星	S	S
磺胺嘧啶	R	
甲氧苄啶	S	S
头孢曲松	0.125/S	16/—
头孢克肟	0.125/S	128/—
氨苄西林	S	—
阿莫西林	S	—
阿莫西林 / 克拉维酸	0.125	0.5
氨曲南	0.125/S	128/—
亚胺培南	0.125/S	32/—
四环素	R	S

推荐用药

诺氟沙星、环丙沙星、左氧氟沙星、甲氧苄啶、氨苄西林、阿莫西林 / 克拉维酸、阿奇霉素。

姓名：离堆

性别：雄

出生日期：2017 年 8 月 21 日

谱系号：1107

地点：都江堰青城山基地

表 4-37 离堆肠道细菌耐药表

抗生素	大肠埃希菌	肠球菌
红霉素	—	R
卡那霉素	S	—
庆大霉素	S	—
阿奇霉素	2/S	0.125/—
诺氟沙星	S	S
氧氟沙星	S	—
环丙沙星	S	I
洛美沙星	S	—
左氧氟沙星	S	S
磺胺嘧啶	R	I
甲氧苄啶	S	I
头孢曲松	0.125/S	1/—
头孢克肟	0.25/S	16/—
氨苄西林	S	S
阿莫西林	S	—
阿莫西林 / 克拉维酸	4	64
氨曲南	0.125/S	128/—
亚胺培南	0.25/S	0.125/—
四环素	S	R

推荐用药

诺氟沙星、环丙沙星、左氧氟沙星、甲氧苄啶、氨苄西林、阿奇霉素。

姓名：京宝

性别：雌

出生日期：2017 年 8 月 21 日

谱系号：1108

地点：都江堰青城山基地

表 4-38 京宝肠道细菌耐药表

抗生素	大肠埃希菌	肠球菌
红霉素	—	S
卡那霉素	S	—
庆大霉素	R	—
阿奇霉素	≥ 256/R	0.125/—
诺氟沙星	S	S
氧氟沙星	R	—
环丙沙星	R	S
洛美沙星	R	—
左氧氟沙星	R	—
磺胺嘧啶	R	—
甲氧苄啶	S	S
头孢曲松	≥ 256/R	0.5/—
头孢克肟	≥ 256/R	16/—
氨苄西林	R	S
阿莫西林	R	—
阿莫西林 / 克拉维酸	≥ 256	0.5
氨曲南	0.125/S	128/—
亚胺培南	2/I	0.125/—
四环素	S	S

推荐用药

诺氟沙星、甲氧苄啶、四环素。

姓名：海子

性别：雌

出生日期：1994 年 9 月 1 日

谱系号：544

地点：都江堰青城山基地

表 4-39　海子肠道细菌耐药表

抗生素	大肠埃希菌	肠球菌
红霉素	—	S
卡那霉素	S	—
庆大霉素	S	—
阿奇霉素	2/S	0.5/—
诺氟沙星	S	S
氧氟沙星	I	—
环丙沙星	S	S
洛美沙星	S	—
左氧氟沙星	S	S
磺胺嘧啶	R	—
甲氧苄啶	S	I
头孢曲松	0.125/S	32/—
头孢克肟	0.5/S	≥ 256/—
氨苄西林	S	S
阿莫西林	S	—
阿莫西林 / 克拉维酸	0.125	0.5
氨曲南	0.125/S	≥ 256/—
亚胺培南	0.125/S	32/—
四环素	S	S

推荐用药

诺氟沙星、环丙沙星、左氧氟沙星、甲氧苄啶、氨苄西林、阿奇霉素、阿莫西林 / 克拉维酸、四环素。

姓名：家美

性别：雌

出生日期：2015 年 8 月 15 日

谱系号：973

地点：都江堰青城山基地

表 4-40　家美肠道细菌耐药表

抗生素	大肠埃希菌	肠球菌
红霉素	—	S
卡那霉素	S	—
庆大霉素	S	—
阿奇霉素	0.25/S	0.125/—
诺氟沙星	S	S
氧氟沙星	S	—
环丙沙星	S	S
洛美沙星	S	—
左氧氟沙星	S	S
磺胺嘧啶	S	R
甲氧苄啶	S	R
头孢曲松	0.125/S	2/—
头孢克肟	0.125/S	64/—
氨苄西林	S	S
阿莫西林	S	—
阿莫西林 / 克拉维酸	0.125	0.125
氨曲南	0.125/S	128/—
亚胺培南	0.125/S	32/—
四环素	S	R

推荐用药

诺氟沙星、环丙沙星、左氧氟沙星、氨苄西林、阿奇霉素、阿莫西林 / 克拉维酸。

姓名：芦琳

性别：雄

出生日期：2009 年 9 月 12 日

谱系号：758

地点：都江堰青城山基地

表 4-41 芦琳肠道细菌耐药表

抗生素	大肠埃希菌	肠球菌
红霉素	—	S
卡那霉素	S	—
庆大霉素	S	—
阿奇霉素	0.25/S	0.125/—
诺氟沙星	S	S
氧氟沙星	S	—
环丙沙星	S	S
洛美沙星	S	—
左氧氟沙星	S	S
磺胺嘧啶	R	—
甲氧苄啶	S	S
头孢曲松	0.125/S	0125/—
头孢克肟	0.125/S	16/—
氨苄西林	S	S
阿莫西林	S	—
阿莫西林 / 克拉维酸	2	0.5
氨曲南	0.125/S	0.125/—
亚胺培南	0.125/S	0.125/—
四环素	R	S

推荐用药

诺氟沙星、环丙沙星、左氧氟沙星、甲氧苄啶、氨苄西林、阿奇霉素、阿莫西林 / 克拉维酸。

姓名：暖暖

性别：雌

出生日期：2015 年 8 月 18 日

谱系号：977

地点：都江堰青城山基地

表 4-42 暖暖肠道细菌耐药表

抗生素	大肠埃希菌	肠球菌
红霉素	—	S
卡那霉素	S	—
庆大霉素	S	—
阿奇霉素	2/S	0.5/—
诺氟沙星	S	S
氧氟沙星	S	—
环丙沙星	S	S
洛美沙星	S	—
左氧氟沙星	S	S
磺胺嘧啶	R	—
甲氧苄啶	S	I
头孢曲松	0.125/S	32/—
头孢克肟	0.125/S	≥ 256/—
氨苄西林	S	S
阿莫西林	S	—
阿莫西林 / 克拉维酸	0.25	0.5
氨曲南	0.125/S	128/—
亚胺培南	0.125/S	64/—
四环素	S	S

推荐用药

诺氟沙星、环丙沙星、左氧氟沙星、甲氧苄啶、氨苄西林、阿奇霉素、阿莫西林 / 克拉维酸、四环素。

姓名：盼月

性别：雌

出生日期：2016 年 8 月 19 日

谱系号：1040

地点：都江堰青城山基地

表 4-43　盼月肠道细菌耐药表

抗生素	大肠埃希菌	肠球菌
红霉素	—	I
卡那霉素	S	—
庆大霉素	S	—
阿奇霉素	8/S	≥ 256/—
诺氟沙星	S	S
氧氟沙星	I	—
环丙沙星	S	S
洛美沙星	S	—
左氧氟沙星	S	S
磺胺嘧啶	R	—
甲氧苄啶	S	R
头孢曲松	0.125/S	8/—
头孢克肟	0.125/S	8/—
氨苄西林	R	S
阿莫西林	R	—
阿莫西林 / 克拉维酸	4	0.5
氨曲南	0.125/S	128/—
亚胺培南	0.5/S	32/—
四环素	S	R

推荐用药

诺氟沙星、环丙沙星、左氧氟沙星、阿莫西林 / 克拉维酸。

姓名：青青

性别：雄

出生日期：2015 年 8 月 18 日

谱系号：975

地点：都江堰青城山基地

表 4-44 青青肠道细菌耐药表

抗生素	大肠埃希菌	肠球菌
红霉素	—	S
卡那霉素	S	—
庆大霉素	S	—
阿奇霉素	0.25/S	0.125/—
诺氟沙星	S	S
氧氟沙星	S	—
环丙沙星	S	S
洛美沙星	S	—
左氧氟沙星	S	S
磺胺嘧啶	S	R
甲氧苄啶	S	R
头孢曲松	0.125/S	2/—
头孢克肟	0.125/S	≥ 256/—
氨苄西林	S	S
阿莫西林	S	—
阿莫西林 / 克拉维酸	0.125	0.5
氨曲南	0.125/S	128/—
亚胺培南	0.125/S	32/—
四环素	S	S

推荐用药

诺氟沙星、环丙沙星、左氧氟沙星、氨苄西林、阿莫西林 / 克拉维酸、阿奇霉素、四环素。

姓名：如意

性别：雄

出生日期：2016 年 7 月 31 日

谱系号：1021

地点：都江堰青城山基地

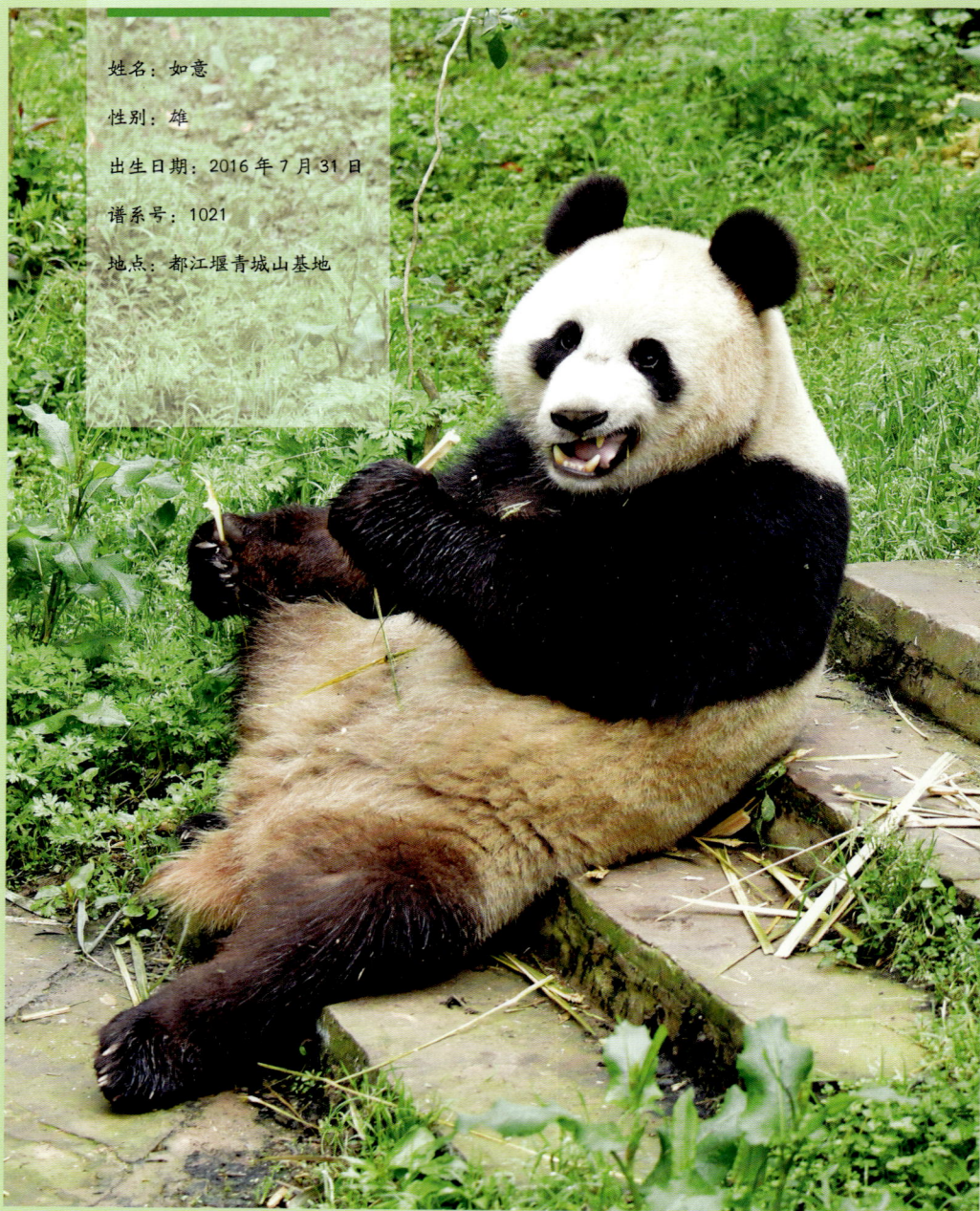

表 4-45 如意肠道细菌耐药表

抗生素	大肠埃希菌	肠球菌
红霉素	—	S
卡那霉素	S	—
庆大霉素	S	—
阿奇霉素	2/S	0.5/—
诺氟沙星	S	S
氧氟沙星	I	—
环丙沙星	I	R
洛美沙星	S	—
左氧氟沙星	S	S
磺胺嘧啶	R	—
甲氧苄啶	R	I
头孢曲松	32/R	32/—
头孢克肟	32/R	32/—
氨苄西林	R	S
阿莫西林	R	—
阿莫西林 / 克拉维酸	32	1
氨曲南	8/I	≥ 256/—
亚胺培南	0.25/S	64/—
四环素	R	R

推荐用药

诺氟沙星、左氧氟沙星、阿奇霉素。

姓名：蜀兰

性别：雌

出生日期：1994 年 8 月 31 日

谱系号：407

地点：都江堰青城山基地

表 4-46　蜀兰肠道细菌耐药表

抗生素	大肠埃希菌	肠球菌
红霉素	—	S
卡那霉素	S	—
庆大霉素	S	—
阿奇霉素	1/S	0.25/—
诺氟沙星	S	S
氧氟沙星	S	—
环丙沙星	S	S
洛美沙星	S	—
左氧氟沙星	S	S
磺胺嘧啶	R	—
甲氧苄啶	S	I
头孢曲松	0.125/S	0.5/—
头孢克肟	0.125/S	8/—
氨苄西林	S	S
阿莫西林	S	—
阿莫西林/克拉维酸	2	1
氨曲南	0.125/S	16/—
亚胺培南	0.25/S	2/—
四环素	S	S

推荐用药

诺氟沙星、环丙沙星、左氧氟沙星、甲氧苄啶、氨苄西林、阿奇霉素、阿莫西林/克拉维酸、四环素。

姓名：泰山

性别：雄

出生日期：2005 年 7 月 9 日

谱系号：595

地点：都江堰青城山基地

表 4-47　泰山肠道细菌耐药表

抗生素	大肠埃希菌	肠球菌
红霉素	—	I
卡那霉素	S	—
庆大霉素	S	—
阿奇霉素	2/S	1/—
诺氟沙星	S	S
氧氟沙星	S	—
环丙沙星	S	S
洛美沙星	S	—
左氧氟沙星	S	S
磺胺嘧啶	R	—
甲氧苄啶	S	I
头孢曲松	0.125/S	32/—
头孢克肟	0.125/S	≥ 256/—
氨苄西林	S	S
阿莫西林	S	—
阿莫西林 / 克拉维酸	2	0.5
氨曲南	0.125/S	128/—
亚胺培南	0.25/S	64/—
四环素	S	R

推荐用药

诺氟沙星、环丙沙星、左氧氟沙星、甲氧苄啶、氨苄西林、阿奇霉素、阿莫西林 / 克拉维酸。

姓名：伟伟

性别：雄

出生日期：2005 年 8 月 29 日

谱系号：619

地点：都江堰青城山基地

表 4-48　伟伟肠道细菌耐药表

抗生素	大肠埃希菌	肠球菌
红霉素	—	S
卡那霉素	S	—
庆大霉素	S	—
阿奇霉素	0.25/S	0.125/—
诺氟沙星	S	S
氧氟沙星	S	—
环丙沙星	S	S
洛美沙星	S	—
左氧氟沙星	S	S
磺胺嘧啶	S	—
甲氧苄啶	S	I
头孢曲松	0.125/S	1/—
头孢克肟	0.125/S	32/—
氨苄西林	S	S
阿莫西林	S	—
阿莫西林 / 克拉维酸	0.5	1
氨曲南	0.125/S	16/—
亚胺培南	0.125/S	32/—
四环素	S	S

推荐用药

诺氟沙星、环丙沙星、左氧氟沙星、甲氧苄啶、氨苄西林、阿奇霉素、阿莫西林 / 克拉维酸、四环素。

姓名：希梦

性别：雄

出生日期：1993 年 9 月 19 日

谱系号：399

地点：都江堰青城山基地

表 4-49 希梦肠道细菌耐药表

抗生素	大肠埃希菌	肠球菌
红霉素	—	S
卡那霉素	S	—
庆大霉素	S	—
阿奇霉素	0.25/S	0.5/—
诺氟沙星	S	S
氧氟沙星	S	—
环丙沙星	S	S
洛美沙星	S	—
左氧氟沙星	S	S
磺胺嘧啶	R	—
甲氧苄啶	S	I
头孢曲松	0.125/S	8/—
头孢克肟	0.125/S	32/—
氨苄西林	S	S
阿莫西林	S	—
阿莫西林 / 克拉维酸	0.125	1
氨曲南	0.125/S	128/—
亚胺培南	0.125/S	32/—
四环素	S	R

推荐用药

诺氟沙星、环丙沙星、左氧氟沙星、甲氧苄啶、氨苄西林、阿奇霉素、阿莫西林 / 克拉维酸。

姓名：小核桃

性别：雌

出生日期：2016 年 7 月 30 日

谱系号：1019

地点：都江堰青城山基地

表 4-50　小核桃肠道细菌耐药表

抗生素	大肠埃希菌	克雷伯菌
红霉素	—	—
卡那霉素	S	S
庆大霉素	S	S
阿奇霉素	1/S	4/S
诺氟沙星	S	I
氧氟沙星	S	I
环丙沙星	S	I
洛美沙星	S	S
左氧氟沙星	S	S
磺胺嘧啶	R	R
甲氧苄啶	S	R
头孢曲松	0.125/S	0.125/S
头孢克肟	0.25/S	0.125/S
氨苄西林	S	R
阿莫西林	S	R
阿莫西林/克拉维酸	4	1
氨曲南	0.125/S	0.125/S
亚胺培南	0.25/S	0.25/S
四环素	S	R

推荐用药

卡那霉素、庆大霉素、阿奇霉素、诺氟沙星、氧氟沙星、环丙沙星、洛美沙星、左氧氟沙星、氨曲南、亚胺培南、阿莫西林/克拉维酸。

姓名：雅星

性别：雄

出生日期：2015 年 6 月 27 日

谱系号：951

地点：都江堰青城山基地

表 4-51　雅星肠道细菌耐药表

抗生素	大肠埃希菌	肠球菌
红霉素	—	S
卡那霉素	S	—
庆大霉素	S	—
阿奇霉素	2/S	0.25/—
诺氟沙星	S	S
氧氟沙星	S	—
环丙沙星	S	S
洛美沙星	S	—
左氧氟沙星	S	S
磺胺嘧啶	R	—
甲氧苄啶	S	I
头孢曲松	0.125/S	8/—
头孢克肟	0.125/S	32/—
氨苄西林	S	S
阿莫西林	S	—
阿莫西林 / 克拉维酸	2	1
氨曲南	0.125/S	16/—
亚胺培南	0.25/S	64/—
四环素	R	S

推荐用药

阿奇霉素、诺氟沙星、环丙沙星、左氧氟沙星、甲氧苄啶、氨苄西林、阿莫西林 / 克拉维酸。

姓名：怡云

性别：雌

出生日期：2015 年 8 月 22 日

谱系号：980

地点：都江堰青城山基地

表 4-52 怡云肠道细菌耐药表

抗生素	大肠埃希菌	肠球菌
红霉素	—	S
卡那霉素	S	—
庆大霉素	S	—
阿奇霉素	1/S	0.5/—
诺氟沙星	S	S
氧氟沙星	S	—
环丙沙星	S	S
洛美沙星	S	—
左氧氟沙星	S	S
磺胺嘧啶	R	—
甲氧苄啶	S	I
头孢曲松	0.125/S	32/—
头孢克肟	0.25/S	32/—
氨苄西林	S	S
阿莫西林	S	—
阿莫西林/克拉维酸	4	0.5
氨曲南	0.125/S	128/—
亚胺培南	0.125/S	32/—
四环素	S	S

推荐用药

阿奇霉素、诺氟沙星、环丙沙星、左氧氟沙星、甲氧苄啶、氨苄西林、阿莫西林/克拉维酸、四环素。

姓名：英萍

性别：雌

出生日期：1996 年 9 月 1 日

谱系号：701

地点：都江堰青城山基地

表 4-53　英萍肠道细菌耐药表

抗生素	大肠埃希菌	肠球菌
红霉素	—	S
卡那霉素	S	—
庆大霉素	S	—
阿奇霉素	1/S	1/—
诺氟沙星	S	S
氧氟沙星	S	—
环丙沙星	S	S
洛美沙星	S	—
左氧氟沙星	S	S
磺胺嘧啶	R	—
甲氧苄啶	S	I
头孢曲松	0.125/S	32/—
头孢克肟	0.125/S	64/—
氨苄西林	S	S
阿莫西林	S	—
阿莫西林 / 克拉维酸	1	0.5
氨曲南	0.125/S	128/—
亚胺培南	0.125/S	32/—
四环素	S	S

推荐用药

　　阿奇霉素、诺氟沙星、环丙沙星、左氧氟沙星、甲氧苄啶、氨苄西林、阿莫西林 / 克拉维酸、四环素。

姓名：英英

性别：雌

出生日期：1991 年 9 月 1 日

谱系号：382

地点：都江堰青城山基地

表 4-54　英英肠道细菌耐药表

抗生素	大肠埃希菌	肠球菌
红霉素	—	I
卡那霉素	S	—
庆大霉素	S	—
阿奇霉素	1/S	32/—
诺氟沙星	S	S
氧氟沙星	S	—
环丙沙星	S	S
洛美沙星	S	—
左氧氟沙星	S	S
磺胺嘧啶	R	—
甲氧苄啶	S	I
头孢曲松	0.125/S	8/—
头孢克肟	0.125/S	32/—
氨苄西林	S	S
阿莫西林	S	—
阿莫西林 / 克拉维酸	0.5	0.5
氨曲南	0.125/S	128/—
亚胺培南	0.25/S	64/—
四环素	S	I

推荐用药

诺氟沙星、环丙沙星、左氧氟沙星、甲氧苄啶、氨苄西林、阿莫西林 / 克拉维酸、四环素。

姓名：瑛美

性别：雌

出生日期：2003 年 8 月 17 日

谱系号：567

地点：都江堰青城山基地

表 4-55　瑛美肠道细菌耐药表

抗生素	大肠埃希菌	肠球菌
红霉素	—	I
卡那霉素	S	—
庆大霉素	S	—
阿奇霉素	2/S	1/—
诺氟沙星	S	S
氧氟沙星	S	—
环丙沙星	S	S
洛美沙星	S	—
左氧氟沙星	S	S
磺胺嘧啶	R	—
甲氧苄啶	S	I
头孢曲松	0.125/S	32/—
头孢克肟	0.125/S	32/—
氨苄西林	S	S
阿莫西林	S	—
阿莫西林 / 克拉维酸	4	0.5
氨曲南	0.125/S	128/—
亚胺培南	0.25/S	64/—
四环素	S	S

推荐用药

阿奇霉素、诺氟沙星、环丙沙星、左氧氟沙星、甲氧苄啶、氨苄西林、阿莫西林 / 克拉维酸、四环素。

姓名：园园

性别：雄

出生日期：1999 年 8 月 23 日

谱系号：488

地点：都江堰青城山基地

表 4-56　园园肠道细菌耐药表

抗生素	大肠埃希菌	肠球菌
红霉素	—	S
卡那霉素	S	—
庆大霉素	S	—
阿奇霉素	1/S	0.125/—
诺氟沙星	S	S
氧氟沙星	S	—
环丙沙星	S	S
洛美沙星	S	—
左氧氟沙星	S	S
磺胺嘧啶	S	—
甲氧苄啶	S	I
头孢曲松	0.125/S	0.25/—
头孢克肟	0.125/S	0.125/—
氨苄西林	S	S
阿莫西林	S	—
阿莫西林 / 克拉维酸	0.5	1
氨曲南	0.125/S	0.125/—
亚胺培南	0.125/S	0.125/—
四环素	S	S

推荐用药

阿奇霉素、诺氟沙星、环丙沙星、左氧氟沙星、甲氧苄啶、氨苄西林、阿莫西林 / 克拉维酸、四环素。

姓名：月月

性别：雌

出生日期：2016 年 10 月 4 日

谱系号：1052

地点：都江堰青城山基地

表 4-57　月月肠道细菌耐药表

抗生素	大肠埃希菌	肠球菌
红霉素	—	S
卡那霉素	S	—
庆大霉素	S	—
阿奇霉素	0.25/S	0.125/—
诺氟沙星	S	S
氧氟沙星	S	—
环丙沙星	S	S
洛美沙星	S	—
左氧氟沙星	S	S
磺胺嘧啶	S	—
甲氧苄啶	S	I
头孢曲松	0.125/S	1/—
头孢克肟	0.125/S	64/—
氨苄西林	S	S
阿莫西林	S	—
阿莫西林/克拉维酸	0.125	0.25
氨曲南	0.125/S	128/—
亚胺培南	0.125/S	8/—
四环素	S	S

推荐用药

　　阿奇霉素、诺氟沙星、环丙沙星、左氧氟沙星、甲氧苄啶、氨苄西林、阿莫西林/克拉维酸、四环素。

姓名：紫金

性别：雄

出生日期：1999 年 9 月 1 日

谱系号：989

地点：都江堰青城山基地

表 4-58　紫金肠道细菌耐药表

抗生素	大肠埃希菌	肠球菌
红霉素	—	S
卡那霉素	S	—
庆大霉素	S	—
阿奇霉素	2/S	1/—
诺氟沙星	S	S
氧氟沙星	I	—
环丙沙星	S	S
洛美沙星	S	—
左氧氟沙星	S	S
磺胺嘧啶	R	—
甲氧苄啶	S	R
头孢曲松	0.125/S	64/—
头孢克肟	0.5/S	≥ 256/—
氨苄西林	R	S
阿莫西林	R	—
阿莫西林 / 克拉维酸	16	1
氨曲南	0.125/S	128/—
亚胺培南	0.25/S	32/—
四环素	S	R

推荐用药

阿奇霉素、诺氟沙星、环丙沙星、左氧氟沙星。

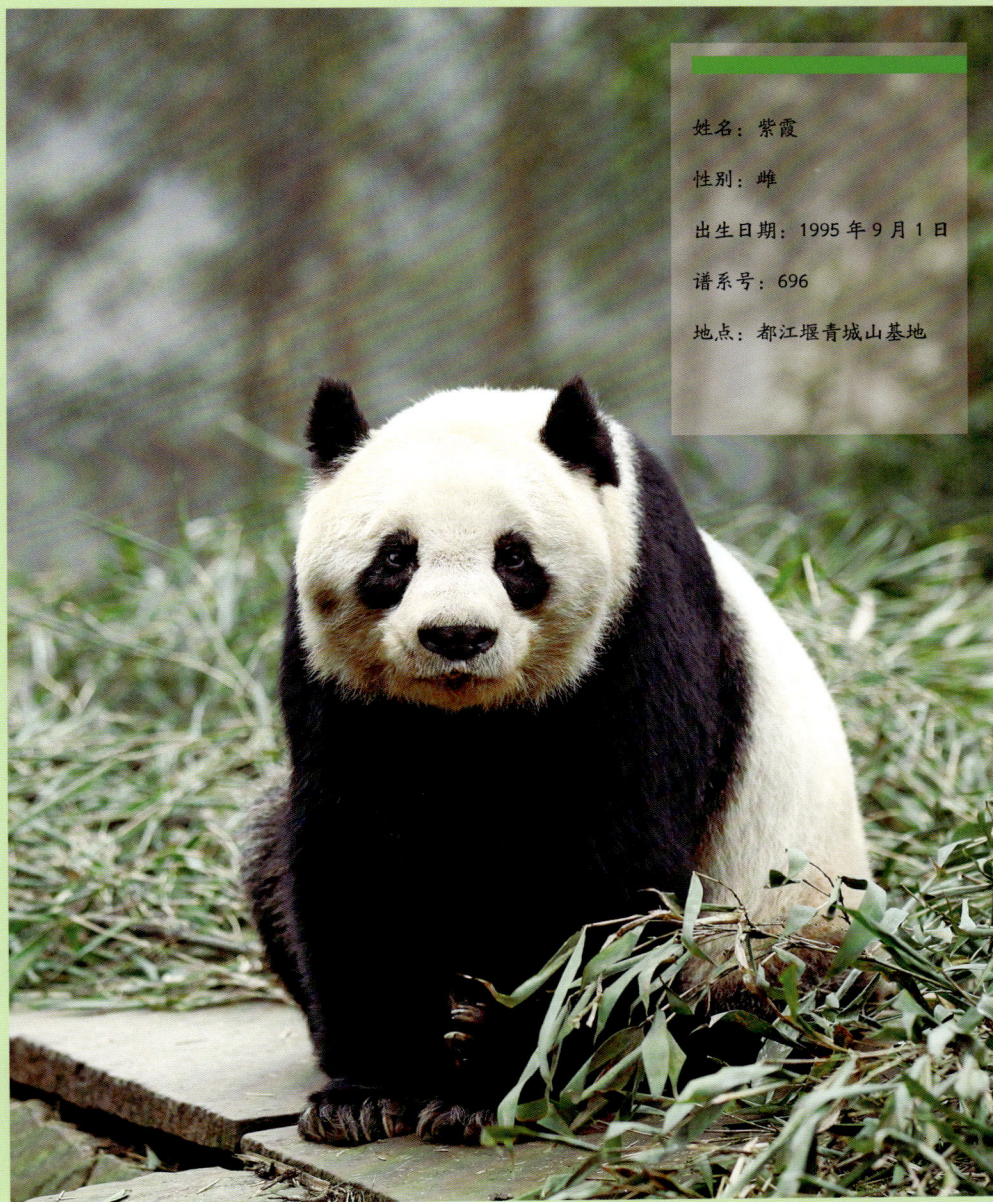

姓名：紫霞

性别：雌

出生日期：1995 年 9 月 1 日

谱系号：696

地点：都江堰青城山基地

表 4-59 紫霞肠道细菌耐药表

抗生素	大肠埃希菌	肠球菌
红霉素	—	S
卡那霉素	S	—
庆大霉素	S	—
阿奇霉素	2/S	0.25/—
诺氟沙星	S	S
氧氟沙星	S	—
环丙沙星	S	S
洛美沙星	S	—
左氧氟沙星	S	S
磺胺嘧啶	R	—
甲氧苄啶	S	I
头孢曲松	0.125/S	32/—
头孢克肟	0.25/S	64/—
氨苄西林	R	S
阿莫西林	R	—
阿莫西林 / 克拉维酸	16	1
氨曲南	0.125/S	128/—
亚胺培南	0.25/S	32/—
四环素	R	S

推荐用药

阿奇霉素、诺氟沙星、环丙沙星、左氧氟沙星、甲氧苄啶。

卧龙神树坪基地

姓名：安安

性别：雄

出生日期：2008 年 8 月 6 日

谱系号：719

地点：卧龙神树坪基地

表 4-60　安安肠道细菌耐药表

抗生素	大肠埃希菌	肠球菌
红霉素	—	S
卡那霉素	S	—
庆大霉素	S	—
阿奇霉素	0.25/S	0.125/—
诺氟沙星	S	S
氧氟沙星	S	—
环丙沙星	S	S
洛美沙星	S	—
左氧氟沙星	S	S
磺胺嘧啶	S	—
甲氧苄啶	S	I
头孢曲松	0.125/S	0.125/—
头孢克肟	0.125/S	0.125/—
氨苄西林	S	S
阿莫西林	S	—
阿莫西林/克拉维酸	1	0.25
氨曲南	0.125/S	0.125/—
亚胺培南	0.125/S	0.125/—
四环素	S	S

推荐用药

阿奇霉素、环丙沙星、左氧氟沙星、氨苄西林、诺氟沙星、甲氧苄啶、阿莫西林/克拉维酸、四环素。

姓名：傲傲

性别：雄

出生日期：2010 年 8 月 1 日

谱系号：775

地点：卧龙神树坪基地

表 4-61　傲傲肠道细菌耐药表

抗生素	大肠埃希菌	肠球菌
红霉素	—	S
卡那霉素	S	—
庆大霉素	S	—
阿奇霉素	0.125/S	0.125/—
诺氟沙星	S	S
氧氟沙星	S	—
环丙沙星	S	S
洛美沙星	S	—
左氧氟沙星	S	S
磺胺嘧啶	S	—
甲氧苄啶	S	S
头孢曲松	0.125/S	8/—
头孢克肟	0.125/S	16/—
氨苄西林	S	S
阿莫西林	S	—
阿莫西林 / 克拉维酸	0.5	0.5
氨曲南	0.125/S	0.125/—
亚胺培南	0.125/S	0.125/—
四环素	S	S

推荐用药

诺氟沙星、环丙沙星、左氧氟沙星、氨苄西林、甲氧苄啶、阿奇霉素、阿莫西林 / 克拉维酸、四环素。

姓名：宝宝

性别：雌

出生日期：2013 年 8 月 23 日

谱系号：897

地点：卧龙神树坪基地

表 4-62　宝宝肠道细菌耐药表

抗生素	大肠埃希菌	肠球菌
红霉素	—	I
卡那霉素	S	—
庆大霉素	S	—
阿奇霉素	2/S	1/—
诺氟沙星	S	S
氧氟沙星	S	—
环丙沙星	S	S
洛美沙星	S	—
左氧氟沙星	S	S
磺胺嘧啶	R	—
甲氧苄啶	S	I
头孢曲松	0.125/S	32/—
头孢克肟	0.125/S	≥ 256/—
氨苄西林	S	S
阿莫西林	S	—
阿莫西林 / 克拉维酸	1	0.5
氨曲南	0.125/S	128/—
亚胺培南	0.125/S	64/—
四环素	S	S

推荐用药

诺氟沙星、环丙沙星、左氧氟沙星、氨苄西林、甲氧苄啶、阿奇霉素、阿莫西林 / 克拉维酸、四环素。

姓名：彩云

性别：雌

出生日期：2010 年 7 月 27 日

谱系号：771

地点：卧龙神树坪基地

表4-63　彩云肠道细菌耐药表

抗生素	大肠埃希菌	肠球菌
红霉素	—	S
卡那霉素	S	—
庆大霉素	S	—
阿奇霉素	2/S	1/—
诺氟沙星	S	S
氧氟沙星	S	—
环丙沙星	I	S
洛美沙星	S	—
左氧氟沙星	S	S
磺胺嘧啶	R	—
甲氧苄啶	S	I
头孢曲松	0.125/S	16/—
头孢克肟	0.5/S	32/—
氨苄西林	S	S
阿莫西林	S	—
阿莫西林 / 克拉维酸	4	0.5
氨曲南	0.125/S	128/—
亚胺培南	0.25/S	32/—
四环素	R	R

推荐用药

诺氟沙星、左氧氟沙星、氨苄西林、环丙沙星、甲氧苄啶、阿奇霉素、阿莫西林 / 克拉维酸。

姓名：大白兔

性别：雌

出生日期：2010 年 7 月 2 日

谱系号：766

地点：卧龙神树坪基地

表 4-64　大白兔肠道细菌耐药表

抗生素	大肠埃希菌	克雷伯菌
卡那霉素	S	S
庆大霉素	S	S
阿奇霉素	1/S	4/S
诺氟沙星	S	I
氧氟沙星	S	S
环丙沙星	S	S
洛美沙星	S	S
左氧氟沙星	S	S
磺胺嘧啶	R	R
甲氧苄啶	S	S
头孢曲松	0.125/S	0.125/S
头孢克肟	0.125/S	0.125/S
氨苄西林	S	R
阿莫西林	S	R
阿莫西林 / 克拉维酸	1	32
氨曲南	0.125/S	0.125/S
亚胺培南	0.125/S	0.25/S
四环素	S	S

推荐用药

卡那霉素、庆大霉素、阿奇霉素、诺氟沙星、氧氟沙星、环丙沙星、洛美沙星、左氧氟沙星、甲氧苄啶、头孢曲松、头孢克肟、氨曲南、亚胺培南、阿莫西林 / 克拉维酸、四环素。

姓名：朵朵

性别：雌

出生日期：2006 年 9 月 11 日

谱系号：651

地点：卧龙神树坪基地

表 4-65　朵朵肠道细菌耐药表

抗生素	大肠埃希菌	肠球菌
红霉素	—	S
卡那霉素	S	—
庆大霉素	S	—
阿奇霉素	2/S	0.125/—
诺氟沙星	S	S
氧氟沙星	S	—
环丙沙星	S	S
洛美沙星	S	—
左氧氟沙星	S	S
磺胺嘧啶	S	—
甲氧苄啶	S	I
头孢曲松	0.125/S	2/—
头孢克肟	0.25/S	64/—
氨苄西林	R	S
阿莫西林	R	—
阿莫西林 / 克拉维酸	16	1
氨曲南	0.125/S	128/—
亚胺培南	0.125/S	32/—
四环素	S	S

推荐用药

氧氟沙星、环丙沙星、左氧氟沙星、甲氧苄啶、阿奇霉素、四环素。

姓名：福虎

性别：雄

出生日期：2010 年 8 月 23 日

谱系号：789

地点：卧龙神树坪基地

表 4-66　福虎肠道细菌耐药表

抗生素	大肠埃希菌	肠球菌
红霉素	—	S
卡那霉素	S	—
庆大霉素	S	—
阿奇霉素	≥ 256/R	0.25/—
诺氟沙星	S	S
氧氟沙星	S	—
环丙沙星	S	S
洛美沙星	S	—
左氧氟沙星	S	S
磺胺嘧啶	R	—
甲氧苄啶	S	I
头孢曲松	0.125/S	64/—
头孢克肟	0.125/S	≥ 256/—
氨苄西林	S	S
阿莫西林	S	—
阿莫西林 / 克拉维酸	2	1
氨曲南	0.125/S	128/—
亚胺培南	0.125/S	64/—
四环素	S	S

推荐用药

诺氟沙星、环丙沙星、左氧氟沙星、甲氧苄啶、氨苄西林、阿莫西林 / 克拉维酸、四环素。

姓名：华美

性别：雌

出生日期：1999 年 8 月 21 日

谱系号：487

地点：卧龙神树坪基地

表 4-67　华美肠道细菌耐药表

抗生素	大肠埃希菌	肠球菌
红霉素	—	I
卡那霉素	S	—
庆大霉素	S	—
阿奇霉素	0.25/S	1/—
诺氟沙星	S	S
氧氟沙星	S	—
环丙沙星	S	S
洛美沙星	S	—
左氧氟沙星	S	S
磺胺嘧啶	S	—
甲氧苄啶	S	I
头孢曲松	0.125/S	32/—
头孢克肟	0.125/S	≥ 256/—
氨苄西林	S	S
阿莫西林	S	—
阿莫西林 / 克拉维酸	0.125	1
氨曲南	0.125/S	128/—
亚胺培南	0.125/S	64/—
四环素	S	S

推荐用药

诺氟沙星、环丙沙星、左氧氟沙星、甲氧苄啶、氨苄西林、阿莫西林 / 克拉维酸、四环素。

姓名：嘉嘉

性别：雌

出生日期：2012 年 8 月 5 日

谱系号：846

地点：卧龙神树坪基地

表 4-68　嘉嘉肠道细菌耐药表

抗生素	大肠埃希菌	肠球菌
红霉素	—	S
卡那霉素	S	—
庆大霉素	S	—
阿奇霉素	1/S	0.125/—
诺氟沙星	S	S
氧氟沙星	S	—
环丙沙星	S	S
洛美沙星	S	—
左氧氟沙星	S	S
磺胺嘧啶	R	—
甲氧苄啶	S	I
头孢曲松	0.125/S	0.125/—
头孢克肟	0.125/S	0.125/—
氨苄西林	S	S
阿莫西林	S	—
阿莫西林 / 克拉维酸	1	4
氨曲南	0.125/S	0.125/—
亚胺培南	0.125/S	8/—
四环素	S	S

推荐用药

诺氟沙星、环丙沙星、左氧氟沙星、甲氧苄啶、氨苄西林、阿奇霉素、阿莫西林 / 克拉维酸、四环素。

姓名：津柯

性别：雄

出生日期：2009 年 7 月 15 日

谱系号：743

地点：卧龙神树坪基地

表 4-69　津柯肠道细菌耐药表

抗生素	大肠埃希菌	肠球菌
红霉素	—	S
卡那霉素	S	—
庆大霉素	S	—
阿奇霉素	2/S	0.125/—
诺氟沙星	S	S
氧氟沙星	S	—
环丙沙星	S	S
洛美沙星	S	—
左氧氟沙星	S	S
磺胺嘧啶	R	—
甲氧苄啶	S	I
头孢曲松	0.125/S	2/—
头孢克肟	0.25/S	64/—
氨苄西林	S	S
阿莫西林	S	—
阿莫西林 / 克拉维酸	1	1
氨曲南	0.125/S	128/—
亚胺培南	0.25/S	0.125/—
四环素	S	S

推荐用药

诺氟沙星、环丙沙星、左氧氟沙星、甲氧苄啶、氨苄西林、阿莫西林 / 克拉维酸、阿奇霉素、四环素。

姓名：锦心

性别：雌

出生日期：2007 年 8 月 6 日

谱系号：672

地点：卧龙神树坪基地

锦心的幼崽

表4-70　锦心肠道细菌耐药表

抗生素	大肠埃希菌	克雷伯菌
卡那霉素	S	S
庆大霉素	S	S
阿奇霉素	4/S	4/S
诺氟沙星	S	I
氧氟沙星	S	S
环丙沙星	S	S
洛美沙星	S	S
左氧氟沙星	S	S
磺胺嘧啶	R	R
甲氧苄啶	S	S
头孢曲松	0.125/S	0.125/S
头孢克肟	0.25/S	0.125/S
氨苄西林	S	R
阿莫西林	S	R
阿莫西林/克拉维酸	2	4
氨曲南	0.125/S	0.125/S
亚胺培南	0.125/S	0.25/S
四环素	R	S

推荐用药

　　卡那霉素、庆大霉素、阿奇霉素、诺氟沙星、氧氟沙星、环丙沙星、洛美沙星、左氧氟沙星、甲氧苄啶、头孢曲松、头孢克肟、氨曲南、亚胺培南、阿莫西林/克拉维酸。

姓名：郡主

性别：雌

出生日期：2017 年 7 月 23 日

谱系号：572

地点：卧龙神树坪基地

表 4-71　郡主肠道细菌耐药表

抗生素	大肠埃希菌	克雷伯菌
卡那霉素	S	S
庆大霉素	S	S
阿奇霉素	0.125/S	2/S
诺氟沙星	S	I
氧氟沙星	S	S
环丙沙星	S	S
洛美沙星	S	S
左氧氟沙星	S	S
磺胺嘧啶	S	R
甲氧苄啶	S	S
头孢曲松	0.125/S	0.125/S
头孢克肟	0.125/S	0.125/S
氨苄西林	S	R
阿莫西林	S	R
阿莫西林 / 克拉维酸	0.125	4
氨曲南	0.125/S	0.125/S
亚胺培南	0.125/S	0.25/S
四环素	S	R

推荐用药

卡那霉素、庆大霉素、阿奇霉素、诺氟沙星、氧氟沙星、环丙沙星、洛美沙星、左氧氟沙星、甲氧苄啶、头孢曲松、头孢克肟、氨曲南、亚胺培南、阿莫西林 / 克拉维酸。

姓名：兰仔

性别：雄

出生日期：2004 年 10 月 21 日

谱系号：592

地点：卧龙神树坪基地

表 4-72 兰仔肠道细菌耐药表

抗生素	大肠埃希菌	肠球菌
红霉素	—	S
卡那霉素	S	—
庆大霉素	S	—
阿奇霉素	0.125/S	0.125/—
诺氟沙星	S	S
氧氟沙星	S	—
环丙沙星	S	S
洛美沙星	S	—
左氧氟沙星	S	S
磺胺嘧啶	S	—
甲氧苄啶	S	R
头孢曲松	0.125/S	8/—
头孢克肟	0.125/S	≥ 256/—
氨苄西林	S	—
阿莫西林	S	—
阿莫西林 / 克拉维酸	0.125	1
氨曲南	0.125/S	128/—
亚胺培南	0.125/S	64/—
四环素	S	S

推荐用药

阿奇霉素、诺氟沙星、环丙沙星、左氧氟沙星、氨苄西林、阿莫西林 / 克拉维酸、四环素。

姓名：乐生

性别：雌

出生日期：2000 年 8 月 10 日

谱系号：512

地点：卧龙神树坪基地

表 4-73　乐生肠道细菌耐药表

抗生素	大肠埃希菌	肠球菌
红霉素	—	S
卡那霉素	S	—
庆大霉素	S	—
阿奇霉素	1/S	0.125/—
诺氟沙星	S	S
氧氟沙星	S	—
环丙沙星	S	S
洛美沙星	S	—
左氧氟沙星	S	S
磺胺嘧啶	S	—
甲氧苄啶	S	S
头孢曲松	0.125/S	0.125/—
头孢克肟	0.125/S	0.125/—
氨苄西林	S	S
阿莫西林	S	—
阿莫西林 / 克拉维酸	4	1
氨曲南	0.125/S	0.125/—
亚胺培南	0.125/S	0.125/—
四环素	S	S

推荐用药

　　诺氟沙星、环丙沙星、左氧氟沙星、甲氧苄啶、氨苄西林、阿奇霉素、阿莫西林 / 克拉维酸、四环素。

姓名：林冰

性别：雌

出生日期：2009 年 5 月 27 日

谱系号：740

地点：卧龙神树坪基地

表 4-74　林冰肠道细菌耐药表

抗生素	大肠埃希菌	克雷伯菌
卡那霉素	S	S
庆大霉素	S	S
阿奇霉素	4/S	0.125/S
诺氟沙星	I	S
氧氟沙星	S	S
环丙沙星	S	S
洛美沙星	S	S
左氧氟沙星	S	S
磺胺嘧啶	R	S
甲氧苄啶	S	S
头孢曲松	0.125/S	0.125/S
头孢克肟	0.125/S	0.125/S
氨苄西林	I	S
阿莫西林	R	S
阿莫西林 / 克拉维酸	8	0.125
氨曲南	0.125/S	0.125/S
亚胺培南	0.25/S	0.125/S
四环素	S	S

推荐用药

卡那霉素、庆大霉素、阿奇霉素、诺氟沙星、氧氟沙星、环丙沙星、洛美沙星、左氧氟沙星、甲氧苄啶、头孢曲松、头孢克肟、氨苄西林、氨曲南、亚胺培南、四环素。

姓名：美欣

性别：雌

出生日期：2006 年 8 月 10 日

谱系号：632

地点：卧龙神树坪基地

表4-75　美欣肠道细菌耐药表

抗生素	大肠埃希菌	肠球菌
红霉素	—	I
卡那霉素	S	—
庆大霉素	S	—
阿奇霉素	0.125/S	1/—
诺氟沙星	S	S
氧氟沙星	S	—
环丙沙星	S	S
洛美沙星	S	—
左氧氟沙星	S	S
磺胺嘧啶	S	—
甲氧苄啶	S	I
头孢曲松	0.125/S	32/—
头孢克肟	0.125/S	≥ 256/—
氨苄西林	S	S
阿莫西林	S	—
阿莫西林 / 克拉维酸	0.125	1
氨曲南	0.125/S	128/—
亚胺培南	0.125/S	64/—
四环素	S	S

推荐用药

诺氟沙星、环丙沙星、左氧氟沙星、甲氧苄啶、氨苄西林、阿奇霉素、阿莫西林 / 克拉维酸、四环素。

姓名：闽闽

性别：雌

出生日期：2008 年 9 月 3 日

谱系号：735

地点：卧龙神树坪基地

表 4-76　闽闽肠道细菌耐药表

抗生素	大肠埃希菌	肠球菌
红霉素	—	S
卡那霉素	S	—
庆大霉素	S	—
阿奇霉素	0.125/S	0.5/—
诺氟沙星	S	S
氧氟沙星	S	—
环丙沙星	I	S
洛美沙星	S	—
左氧氟沙星	S	S
磺胺嘧啶	S	—
甲氧苄啶	S	I
头孢曲松	0.125/S	32/—
头孢克肟	0.125/S	32/—
氨苄西林	S	S
阿莫西林	S	—
阿莫西林 / 克拉维酸	0.125	1
氨曲南	0.125/S	128/—
亚胺培南	0.125/S	64/—
四环素	S	S

推荐用药

诺氟沙星、环丙沙星、左氧氟沙星、甲氧苄啶、氨苄西林、阿奇霉素、阿莫西林 / 克拉维酸、四环素。

姓名：硗远

性别：雌

出生日期：1993 年 9 月 1 日

谱系号：416

地点：卧龙神树坪基地

表 4-77　硗远肠道细菌耐药表

抗生素	大肠埃希菌	肠球菌
红霉素	—	S
卡那霉素	S	—
庆大霉素	S	—
阿奇霉素	2/S	0.5/—
诺氟沙星	S	S
氧氟沙星	S	
环丙沙星	S	S
洛美沙星	S	
左氧氟沙星	S	S
磺胺嘧啶	R	
甲氧苄啶	S	I
头孢曲松	0.125/S	8/—
头孢克肟	0.5/S	32/—
氨苄西林	S	S
阿莫西林	S	—
阿莫西林 / 克拉维酸	2	0.5
氨曲南	0.125/S	128/—
亚胺培南	0.125/S	32/—
四环素	S	R

推荐用药

　　诺氟沙星、环丙沙星、左氧氟沙星、甲氧苄啶、氨苄西林、阿奇霉素、阿莫西林 / 克拉维酸。

姓名：乔乔

性别：雌

出生日期：2018 年 7 月 23 日

谱系号：860

地点：卧龙神树坪基地

表 4-78 乔乔肠道细菌耐药表

抗生素	大肠埃希菌	克雷伯菌
卡那霉素	S	S
庆大霉素	S	S
阿奇霉素	0.125/S	4/S
诺氟沙星	S	I
氧氟沙星	S	I
环丙沙星	S	I
洛美沙星	S	S
左氧氟沙星	S	S
磺胺嘧啶	R	R
甲氧苄啶	S	R
头孢曲松	0.125/S	0.125/S
头孢克肟	0.125/S	0.125/S
氨苄西林	S	R
阿莫西林	S	R
阿莫西林 / 克拉维酸	0.125	4
氨曲南	0.125/S	0.125/S
亚胺培南	0.125/S	0.25/S
四环素	S	R

推荐用药

卡那霉素、庆大霉素、阿奇霉素、诺氟沙星、氧氟沙星、环丙沙星、洛美沙星、左氧氟沙星、头孢曲松、头孢克肟、氨曲南、亚胺培南、阿莫西林 / 克拉维酸。

姓名：晴晴

性别：雌

出生日期：2007 年 2 月 23 日

谱系号：664

地点：卧龙神树坪基地

表 4-79　晴晴肠道细菌耐药表

抗生素	大肠埃希菌	肠球菌
红霉素	—	S
卡那霉素	S	—
庆大霉素	S	—
阿奇霉素	0.125/S	0.125/—
诺氟沙星	S	S
氧氟沙星	S	—
环丙沙星	S	S
洛美沙星	S	—
左氧氟沙星	S	S
磺胺嘧啶	S	—
甲氧苄啶	S	I
头孢曲松	0.125/S	1/—
头孢克肟	0.125/S	64/—
氨苄西林	S	S
阿莫西林	S	—
阿莫西林/克拉维酸	0.3	1
氨曲南	0.125/S	128/—
亚胺培南	0.125/S	0.25/—
四环素	S	S

推荐用药

诺氟沙星、环丙沙星、左氧氟沙星、甲氧苄啶、氨苄西林、阿奇霉素、阿莫西林/克拉维酸、四环素。

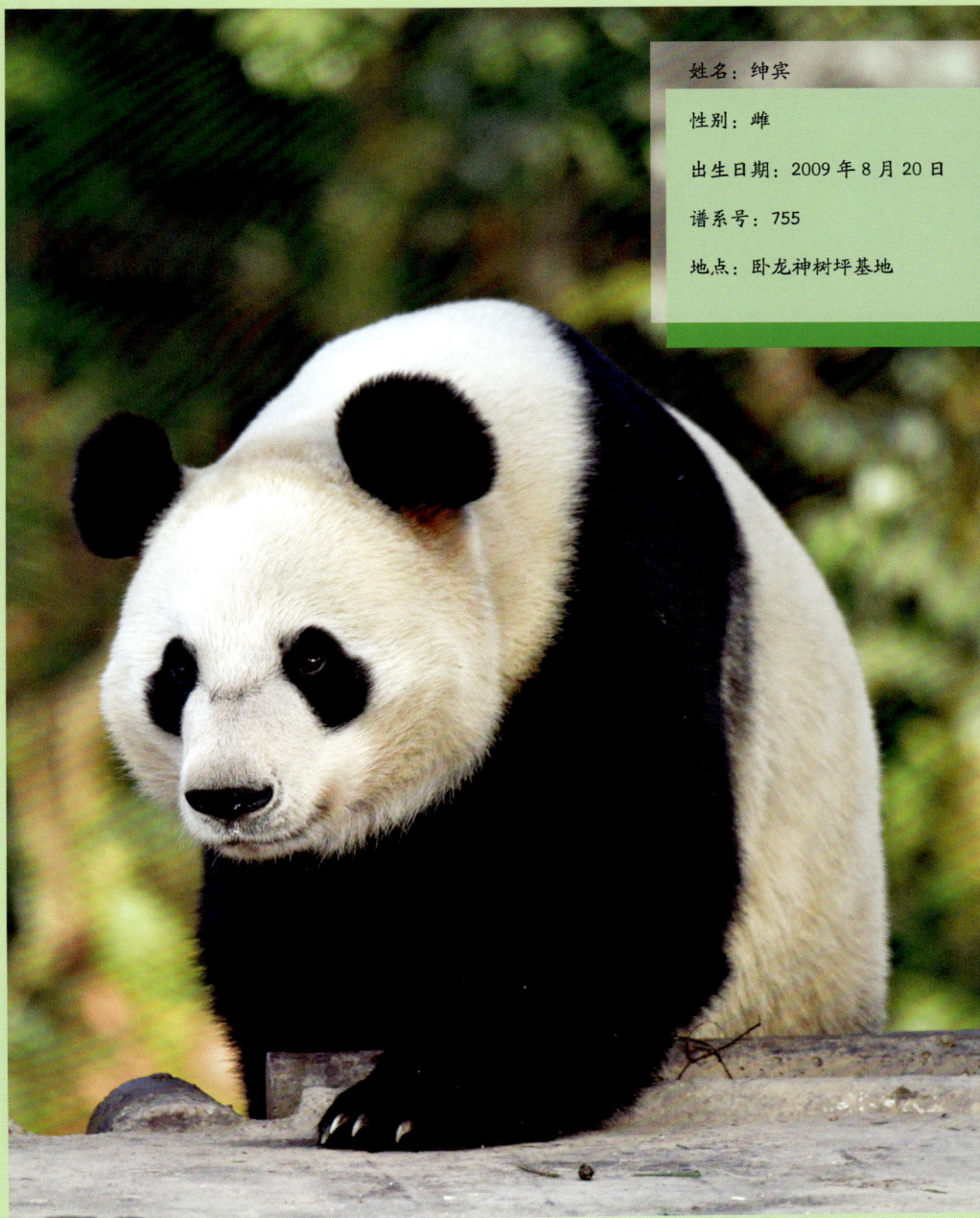

姓名：绅宾

性别：雌

出生日期：2009 年 8 月 20 日

谱系号：755

地点：卧龙神树坪基地

表 4-80　绅宾肠道细菌耐药表

抗生素	大肠埃希菌	肠球菌
红霉素	—	S
卡那霉素	S	—
庆大霉素	S	—
阿奇霉素	0.125/S	0.125/—
诺氟沙星	S	S
氧氟沙星	S	—
环丙沙星	S	S
洛美沙星	S	—
左氧氟沙星	S	S
磺胺嘧啶	S	—
甲氧苄啶	S	I
头孢曲松	0.1/S	1/—
头孢克肟	0.1/S	≥ 256/—
氨苄西林	S	—
阿莫西林	S	—
阿莫西林 / 克拉维酸	0.125	1
氨曲南	0.125/S	128/—
亚胺培南	0.125/S	0.125/—
四环素	S	S

推荐用药

诺氟沙星、环丙沙星、左氧氟沙星、甲氧苄啶、氨苄西林、阿奇霉素、阿莫西林 / 克拉维酸、四环素。

姓名：绅威

性别：雄

出生日期：2009 年 8 月 7 日

谱系号：755

地点：卧龙神树坪基地

表 4-81　绅威肠道细菌耐药表

抗生素	大肠埃希菌	肠球菌
红霉素	—	S
卡那霉素	S	—
庆大霉素	S	—
阿奇霉素	0.1/S	0.125/—
诺氟沙星	S	S
氧氟沙星	S	—
环丙沙星	S	S
洛美沙星	S	—
左氧氟沙星	S	S
磺胺嘧啶	S	—
甲氧苄啶	S	I
头孢曲松	0.1/S	2/
头孢克肟	0.1/S	≥ 256/—
氨苄西林	S	—
阿莫西林	S	—
阿莫西林 / 克拉维酸	0.1	0.5
氨曲南	0.1/S	128/—
亚胺培南	0.1/S	32/—
四环素	S	S

推荐用药

诺氟沙星、环丙沙星、左氧氟沙星、甲氧苄啶、氨苄西林、阿奇霉素、阿莫西林 / 克拉维酸、四环素。

姓名：水秀

性别：雌

出生日期：2003 年 9 月 1 日

谱系号：755

地点：卧龙神树坪基地

表4-82 水秀肠道细菌耐药表

抗生素	大肠埃希菌	肠球菌
红霉素	—	I
卡那霉素	S	—
庆大霉素	S	—
阿奇霉素	0.5/S	1/—
诺氟沙星	S	S
氧氟沙星	S	—
环丙沙星	S	S
洛美沙星	S	—
左氧氟沙星	S	S
磺胺嘧啶	R	—
甲氧苄啶	S	R
头孢曲松	0.1/S	128/—
头孢克肟	0.1/S	≥256/—
氨苄西林	S	—
阿莫西林	S	—
阿莫西林/克拉维酸	2	0.5
氨曲南	0.1/S	126/—
亚胺培南	0.1/S	64/—
四环素	S	S

推荐用药

诺氟沙星、环丙沙星、左氧氟沙星、氨苄西林、阿奇霉素、阿莫西林/克拉维酸、四环素。

姓名：苏琳

性别：雌

出生日期：2005 年 8 月 22 日

谱系号：596

地点：卧龙神树坪基地

表 4-83　苏琳肠道细菌耐药表

抗生素	大肠埃希菌	肠球菌
红霉素	—	S
卡那霉素	S	—
庆大霉素	S	—
阿奇霉素	16/S	1/—
诺氟沙星	S	S
氧氟沙星	S	—
环丙沙星	S	I
洛美沙星	S	—
左氧氟沙星	S	S
磺胺嘧啶	S	—
甲氧苄啶	S	R
头孢曲松	0.125/S	64/—
头孢克肟	0.125/S	≥ 256/—
氨苄西林	S	S
阿莫西林	S	—
阿莫西林 / 克拉维酸	0.25	0.5
氨曲南	0.125/S	≥ 256/—
亚胺培南	0.125/S	64/—
四环素	S	S

推荐用药

诺氟沙星、环丙沙星、左氧氟沙星、氨苄西林、阿奇霉素、阿莫西林 / 克拉维酸、四环素。

姓名：苏珊

性别：雌

出生日期：2011 年 8 月 20 日

谱系号：827

地点：卧龙神树坪基地

表4-84　苏珊肠道细菌耐药表

抗生素	大肠埃希菌	肠球菌
红霉素	—	S
卡那霉素	S	—
庆大霉素	S	—
阿奇霉素	0.5/S	0.125/—
诺氟沙星	S	S
氧氟沙星	S	—
环丙沙星	I	I
洛美沙星	S	—
左氧氟沙星	S	S
磺胺嘧啶	R	—
甲氧苄啶	S	I
头孢曲松	0.125/S	2/—
头孢克肟	0.125/S	8/—
氨苄西林	S	S
阿莫西林	S	—
阿莫西林 / 克拉维酸	1	0.25
氨曲南	0.125/S	4/—
亚胺培南	0.125/S	2/—
四环素	S	S

推荐用药

诺氟沙星、环丙沙星、左氧氟沙星、甲氧苄啶、氨苄西林、阿奇霉素、阿莫西林 / 克拉维酸、四环素。

姓名：汪佳

性别：雌

出生日期：2007 年 9 月 1 日

谱系号：702

地点：卧龙神树坪基地

表 4-85　汪佳肠道细菌耐药表

抗生素	大肠埃希菌	肠球菌
红霉素	—	I
卡那霉素	S	—
庆大霉素	S	—
阿奇霉素	0.125/S	0.5/—
诺氟沙星	S	S
氧氟沙星	S	—
环丙沙星	S	S
洛美沙星	S	—
左氧氟沙星	S	S
磺胺嘧啶	S	—
甲氧苄啶	S	I
头孢曲松	0.125/S	32/—
头孢克肟	0.125/S	64/—
氨苄西林	I	S
阿莫西林	S	—
阿莫西林/克拉维酸	0.125	0.5
氨曲南	0.125/S	128/—
亚胺培南	0.125/S	64/—
四环素	S	S

推荐用药

诺氟沙星、环丙沙星、左氧氟沙星、甲氧苄啶、氨苄西林、阿奇霉素、阿莫西林/克拉维酸、四环素。

姓名：文雨

性别：雌

出生日期：2007 年 9 月 24 日

谱系号：691

地点：卧龙神树坪基地

表 4-86　文雨肠道细菌耐药表

抗生素	大肠埃希菌	肠球菌
红霉素	—	S
卡那霉素	S	—
庆大霉素	S	—
阿奇霉素	0.125/S	0.125/—
诺氟沙星	S	S
氧氟沙星	S	—
环丙沙星	S	S
洛美沙星	S	—
左氧氟沙星	S	S
磺胺嘧啶	S	—
甲氧苄啶	S	I
头孢曲松	0.125/S	2/—
头孢克肟	0.125/S	64/—
氨苄西林	S	S
阿莫西林	S	—
阿莫西林 / 克拉维酸	0.125	0.25
氨曲南	0.125/S	128/—
亚胺培南	0.125/S	32/—
四环素	S	S

推荐用药

诺氟沙星、环丙沙星、左氧氟沙星、甲氧苄啶、氨苄西林、阿奇霉素、阿莫西林 / 克拉维酸、四环素。

姓名：武岗

性别：雄

出生日期：1999 年 9 月 1 日

谱系号：502

地点：卧龙神树坪基地

表 4-87　武冈肠道细菌耐药表

抗生素	大肠埃希菌	肠球菌
红霉素	—	I
卡那霉素	S	—
庆大霉素	S	—
阿奇霉素	0.25/S	1/—
诺氟沙星	S	S
氧氟沙星	S	—
环丙沙星	S	S
洛美沙星	S	—
左氧氟沙星	S	S
磺胺嘧啶	R	—
甲氧苄啶	R	I
头孢曲松	0.125/S	32/—
头孢克肟	0.5/S	≥ 256/—
氨苄西林	S	S
阿莫西林	S	—
阿莫西林 / 克拉维酸	0.25	I
氨曲南	0.125/S	128/—
亚胺培南	0.125/S	64/—
四环素	S	S

推荐用药

诺氟沙星、环丙沙星、左氧氟沙星、氨苄西林、阿奇霉素、阿莫西林 / 克拉维酸、四环素。

姓名：喜豆

性别：雌

出生日期：2006 年 9 月 24 日

谱系号：654

地点：卧龙神树坪基地

表 4-88　喜豆肠道细菌耐药表

抗生素	大肠埃希菌	肠球菌
红霉素	—	I
卡那霉素	S	—
庆大霉素	S	—
阿奇霉素	0.125/S	1/—
诺氟沙星	S	S
氧氟沙星	S	—
环丙沙星	S	I
洛美沙星	S	—
左氧氟沙星	S	S
磺胺嘧啶	S	—
甲氧苄啶	S	R
头孢曲松	0.125/S	128/—
头孢克肟	0.125/S	≥ 256/—
氨苄西林	S	—
阿莫西林	S	—
阿莫西林 / 克拉维酸	0.125	1
氨曲南	0.125/S	128/—
亚胺培南	0.125/S	64/—
四环素	S	S

推荐用药

诺氟沙星、环丙沙星、左氧氟沙星、氨苄西林、阿奇霉素、阿莫西林 / 克拉维酸、四环素。

姓名：喜妹

性别：雌

出生日期：2000 年 8 月 8 日

谱系号：511

地点：卧龙神树坪基地

表4-89 喜妹肠道细菌耐药表

抗生素	大肠埃希菌	克雷伯菌
卡那霉素	S	S
庆大霉素	S	S
阿奇霉素	2/S	4/S
诺氟沙星	S	I
氧氟沙星	S	I
环丙沙星	S	I
洛美沙星	S	S
左氧氟沙星	S	S
磺胺嘧啶	R	R
甲氧苄啶	S	R
头孢曲松	0.125/S	0.125/S
头孢克肟	0.125/S	0.125/S
氨苄西林	R	R
阿莫西林	S	R
阿莫西林 / 克拉维酸	4	16
氨曲南	0.125/S	0.125/S
亚胺培南	0.125/S	0.25/S
四环素	S	R

推荐用药

卡那霉素、庆大霉素、阿奇霉素、诺氟沙星、氧氟沙星、环丙沙星、洛美沙星、左氧氟沙星、头孢曲松、头孢克肟、氨曲南、亚胺培南、阿莫西林 / 克拉维酸。

姓名：香格

姓名：雄

出生日期：2007 年 8 月 7 日

谱系号：674

地点：卧龙神树坪基地

表 4-90　香格肠道细菌耐药表

抗生素	大肠埃希菌	肠球菌
红霉素	—	I
卡那霉素	S	—
庆大霉素	S	—
阿奇霉素	0.125/S	≥ 256/—
诺氟沙星	S	S
氧氟沙星	S	—
环丙沙星	S	S
洛美沙星	S	—
左氧氟沙星	S	S
磺胺嘧啶	S	—
甲氧苄啶	S	R
头孢曲松	0.125/S	32/—
头孢克肟	0.125/S	≥ 256/—
氨苄西林	S	S
阿莫西林	S	—
阿莫西林 / 克拉维酸	0.125	1
氨曲南	0.125/S	≥ 256/—
亚胺培南	0.125/S	64/—
四环素	S	R

推荐用药

诺氟沙星、环丙沙星、左氧氟沙星、氨苄西林、阿奇霉素、阿莫西林 / 克拉维酸。

姓名：香林

姓名：雄

出生日期：2009 年 7 月 24 日

谱系号：748

地点：卧龙神树坪基地

表 4-91 香林肠道细菌耐药表

抗生素	大肠埃希菌	肠球菌
红霉素	—	S
卡那霉素	S	—
庆大霉素	S	—
阿奇霉素	1/S	0.5/—
诺氟沙星	S	S
氧氟沙星	S	—
环丙沙星	S	S
洛美沙星	S	—
左氧氟沙星	S	S
磺胺嘧啶	R	—
甲氧苄啶	S	I
头孢曲松	0.125/S	32/—
头孢克肟	0.125/S	128/—
氨苄西林	S	S
阿莫西林	S	—
阿莫西林 / 克拉维酸	4	0.5
氨曲南	0.125/S	128/—
亚胺培南	0.125/S	64/—
四环素	S	S

推荐用药

诺氟沙星、环丙沙星、左氧氟沙星、甲氧苄啶、氨苄西林、阿奇霉素、阿莫西林 / 克拉维酸、四环素。

姓名：小白兔

性别：雌

出生日期：2010 年 8 月 13 日

谱系号：784

地点：卧龙神树坪基地

表 4-92　小白兔肠道细菌耐药表

抗生素	大肠埃希菌	肠球菌
红霉素	—	S
卡那霉素	S	—
庆大霉素	S	—
阿奇霉素	8/S	0.125/—
诺氟沙星	S	S
氧氟沙星	S	—
环丙沙星	S	S
洛美沙星	S	—
左氧氟沙星	S	S
磺胺嘧啶	R	—
甲氧苄啶	S	I
头孢曲松	0.125/S	2/—
头孢克肟	0.125/S	64/—
氨苄西林	R	S
阿莫西林	R	—
阿莫西林 / 克拉维酸	128	0.5
氨曲南	0.125/S	128/—
亚胺培南	0.5/S	32/—
四环素	R	R

推荐用药

诺氟沙星、环丙沙星、左氧氟沙星、甲氧苄啶、阿奇霉素。

姓名：鑫鑫

性别：雌

出生日期：2013 年 6 月 22 日

谱系号：862

地点：卧龙神树坪基地

表 4-93　鑫鑫肠道细菌耐药表

抗生素	大肠埃希菌	肠球菌
红霉素	—	S
卡那霉素	S	—
庆大霉素	S	—
阿奇霉素	1/S	0.125/—
诺氟沙星	S	S
氧氟沙星	S	—
环丙沙星	S	S
洛美沙星	S	—
左氧氟沙星	S	S
磺胺嘧啶	R	—
甲氧苄啶	S	I
头孢曲松	0.125/S	1/—
头孢克肟	0.25/S	≥ 256/—
氨苄西林	S	S
阿莫西林	S	—
阿莫西林 / 克拉维酸	2	1
氨曲南	0.125/S	128/—
亚胺培南	0.125/S	0.25/—
四环素	S	S

推荐用药

诺氟沙星、环丙沙星、左氧氟沙星、甲氧苄啶、氨苄西林、阿奇霉素、阿莫西林 / 克拉维酸、四环素。

姓名：阳阳

性别：雄

出生日期：2001 年 9 月 1 日

谱系号：579

地点：卧龙神树坪基地

表 4-94　阳阳肠道细菌耐药表

抗生素	大肠埃希菌	肠球菌
红霉素	—	S
卡那霉素	S	—
庆大霉素	S	—
阿奇霉素	2/S	0.125/—
诺氟沙星	S	S
氧氟沙星	S	—
环丙沙星	S	S
洛美沙星	S	—
左氧氟沙星	S	S
磺胺嘧啶	R	—
甲氧苄啶	S	I
头孢曲松	0.125/S	2/—
头孢克肟	0.125/S	≥ 256/—
氨苄西林	S	S
阿莫西林	S	—
阿莫西林 / 克拉维酸	2	1
氨曲南	0.125/S	128/—
亚胺培南	0.125/S	0.125/—
四环素	S	S

推荐用药

诺氟沙星、环丙沙星、左氧氟沙星、甲氧苄啶、氨苄西林、阿奇霉素、阿莫西林 / 克拉维酸、四环素。

姓名：姚蔓

性别：雌

出生日期：2009 年 9 月 27 日

谱系号：759

地点：卧龙神树坪基地

表 4-95　姚蔓肠道细菌耐药表

抗生素	大肠埃希菌	肠球菌
红霉素	—	I
卡那霉素	S	—
庆大霉素	S	—
阿奇霉素	2/S	1/—
诺氟沙星	S	S
氧氟沙星	S	—
环丙沙星	S	I
洛美沙星	S	—
左氧氟沙星	S	S
磺胺嘧啶	R	—
甲氧苄啶	S	R
头孢曲松	0.125/S	64/—
头孢克肟	0.125/S	≥ 256/—
氨苄西林	S	—
阿莫西林	S	—
阿莫西林 / 克拉维酸	2	1
氨曲南	0.125/S	128/—
亚胺培南	0.25/S	64/—
四环素	S	S

推荐用药

诺氟沙星、环丙沙星、左氧氟沙星、氨苄西林、阿奇霉素、阿莫西林 / 克拉维酸、四环素。

姓名：晔晔

性别：雌

出生日期：1999 年 9 月 25 日

谱系号：495

地点：卧龙神树坪基地

表 4-96　晔晔肠道细菌耐药表

抗生素	大肠埃希菌	克雷伯菌
卡那霉素	S	S
庆大霉素	S	S
阿奇霉素	0.25/S	4/S
诺氟沙星	S	I
氧氟沙星	S	S
环丙沙星	S	S
洛美沙星	S	S
左氧氟沙星	S	S
磺胺嘧啶	S	R
甲氧苄啶	S	S
头孢曲松	0.125/S	0.125/S
头孢克肟	0.125/S	0.125/S
氨苄西林	S	I
阿莫西林	S	R
阿莫西林 / 克拉维酸	1	8
氨曲南	0.125/S	0.125/S
亚胺培南	0.125/S	0.25/S
四环素	S	S

推荐用药

　　卡那霉素、庆大霉素、阿奇霉素、诺氟沙星、氧氟沙星、环丙沙星、洛美沙星、左氧氟沙星、甲氧苄啶、头孢曲松、头孢克肟、氨苄西林、氨曲南、亚胺培南、阿莫西林 / 克拉维酸、四环素。

姓名：依宝

性别：雄

出生日期：2006 年 9 月 1 日

谱系号：382

地点：卧龙神树坪基地

表 4-97　依宝肠道细菌耐药表

抗生素	大肠埃希菌	肠球菌
红霉素	—	S
卡那霉素	S	—
庆大霉素	S	—
阿奇霉素	2/S	0.125/—
诺氟沙星	S	S
氧氟沙星	S	—
环丙沙星	S	S
洛美沙星	S	—
左氧氟沙星	S	S
磺胺嘧啶	R	—
甲氧苄啶	S	S
头孢曲松	0.125/S	0.125/—
头孢克肟	0.125/S	0.125/—
氨苄西林	S	S
阿莫西林	S	—
阿莫西林/克拉维酸	2	1
氨曲南	0.125/S	0.125/—
亚胺培南	0.125/S	0.125/—
四环素	S	S

推荐用药

诺氟沙星、环丙沙星、左氧氟沙星、甲氧苄啶、氨苄西林、阿奇霉素、阿莫西林/克拉维酸、四环素。

云朵的幼崽

姓名：云朵

性别：雌

出生日期：2011 年 7 月 8 日

谱系号：810

地点：卧龙神树坪基地

表4-98　云朵肠道细菌耐药表

抗生素	大肠埃希菌	肠球菌
红霉素	—	S
卡那霉素	S	—
庆大霉素	S	—
阿奇霉素	4/S	1/—
诺氟沙星	I	S
氧氟沙星	S	—
环丙沙星	S	I
洛美沙星	S	—
左氧氟沙星	S	S
磺胺嘧啶	R	—
甲氧苄啶	S	R
头孢曲松	0.125/S	32/—
头孢克肟	0.125/S	64/—
氨苄西林	I	S
阿莫西林	R	—
阿莫西林/克拉维酸	8	0.5
氨曲南	0.125/S	128/—
亚胺培南	0.25/S	32/—
四环素	S	R

推荐用药

诺氟沙星、环丙沙星、左氧氟沙星、氨苄西林、阿奇霉素、阿莫西林/克拉维酸。

姓名：知春

性别：雌

出生日期：2010 年 10 月 19 日

谱系号：800

地点：卧龙神树坪基地

表 4-99　知春肠道细菌耐药表

抗生素	大肠埃希菌	肠球菌
红霉素	—	S
卡那霉素	S	—
庆大霉素	S	—
阿奇霉素	2/S	0.25/—
诺氟沙星	S	S
氧氟沙星	S	—
环丙沙星	S	S
洛美沙星	S	—
左氧氟沙星	S	S
磺胺嘧啶	R	—
甲氧苄啶	S	I
头孢曲松	0.125/S	16/—
头孢克肟	0.25/S	32/—
氨苄西林	R	S
阿莫西林	S	—
阿莫西林 / 克拉维酸	2	0.5
氨曲南	0.125/S	128/—
亚胺培南	0.125/S	64/—
四环素	S	S

推荐用药

诺氟沙星、环丙沙星、左氧氟沙星、甲氧苄啶、阿奇霉素、阿莫西林 / 克拉维酸、四环素。

卧龙核桃坪基地

卧龙核桃坪基地下文简称核桃坪。

姓名：博斯

性别：雌

出生日期：2009 年 8 月 7 日

谱系号：750

地点：核桃坪

表 4-100　博斯肠道细菌耐药表

抗生素	大肠埃希菌	柠檬酸杆菌
卡那霉素	S	S
庆大霉素	S	S
阿奇霉素	2/S	8/S
诺氟沙星	S	I
氧氟沙星	S	I
环丙沙星	S	S
洛美沙星	S	S
左氧氟沙星	S	S
磺胺嘧啶	R	R
甲氧苄啶	S	S
头孢曲松	0.125/S	0.125/S
头孢克肟	0.125/S	1/S
氨苄西林	S	I
阿莫西林	S	R
阿莫西林 / 克拉维酸	2	≥ 256
氨曲南	0.125/S	0.125/S
亚胺培南	0.25/S	0.5/S
四环素	S	S

推荐用药

卡那霉素、庆大霉素、阿奇霉素、诺氟沙星、氧氟沙星、环丙沙星、洛美沙星、左氧氟沙星、甲氧苄啶、头孢曲松、头孢克肟、氨苄西林、氨曲南、亚胺培南、四环素。

姓名：草草

性别：雌

出生日期：2002 年 9 月 1 日

谱系号：581

地点：核桃坪

表 4-101　草草肠道细菌耐药表

抗生素	大肠埃希菌	肠球菌
红霉素	—	S
卡那霉素	S	—
庆大霉素	S	—
阿奇霉素	16/S	0.125/—
诺氟沙星	S	S
氧氟沙星	S	—
环丙沙星	S	S
洛美沙星	S	—
左氧氟沙星	S	S
磺胺嘧啶	R	—
甲氧苄啶	S	R
头孢曲松	0.125/S	0.5/—
头孢克肟	0.125/S	8/—
氨苄西林	S	S
阿莫西林	S	—
阿莫西林 / 克拉维酸	0.5	0.25
氨曲南	0.125/S	128/—
亚胺培南	0.125/S	8/—
四环素	S	S

推荐用药

诺氟沙星、环丙沙星、左氧氟沙星、氨苄西林、阿奇霉素、阿莫西林 / 克拉维酸、四环素。

姓名：翠翠

性别：雌

出生日期：2006 年 8 月 25 日

谱系号：643

地点：核桃坪

表 4-102　翠翠肠道细菌耐药表

抗生素	大肠埃希菌	肠球菌
红霉素	—	S
卡那霉素	S	—
庆大霉素	S	—
阿奇霉素	2/S	0.125/—
诺氟沙星	S	S
氧氟沙星	S	—
环丙沙星	S	S
洛美沙星	S	—
左氧氟沙星	S	S
磺胺嘧啶	R	—
甲氧苄啶	S	I
头孢曲松	16/R	16/—
头孢克肟	2/I	≥ 256/—
氨苄西林	R	S
阿莫西林	R	—
阿莫西林 / 克拉维酸	16	0.5
氨曲南	2/S	128/—
亚胺培南	0.25/S	32/—
四环素	S	S

推荐用药

诺氟沙星、环丙沙星、左氧氟沙星、甲氧苄啶、阿奇霉素、四环素。

姓名：龙腾

性别：雄

出生日期：2000 年 9 月 16 日

谱系号：524

地点：核桃坪

表 4-103　龙腾肠道细菌耐药表

抗生素	大肠埃希菌	肠球菌
红霉素	—	S
卡那霉素	S	—
庆大霉素	S	—
阿奇霉素	1/S	0.125/—
诺氟沙星	S	S
氧氟沙星	S	—
环丙沙星	S	S
洛美沙星	S	—
左氧氟沙星	S	S
磺胺嘧啶	R	—
甲氧苄啶	S	I
头孢曲松	0.125/S	16/—
头孢克肟	0.125/S	≥ 256/—
氨苄西林	S	S
阿莫西林	S	—
阿莫西林 / 克拉维酸	0.125	0.5
氨曲南	0.125/S	128/—
亚胺培南	0.125/S	64/—
四环素	S	I

推荐用药

　　诺氟沙星、环丙沙星、左氧氟沙星、甲氧苄啶、氨苄西林、阿奇霉素、阿莫西林 / 克拉维酸、四环素。

姓名：龙欣

性别：雌

出生日期：2000 年 8 月 18 日

谱系号：516

地点：核桃坪

表 4-104　龙欣肠道细菌耐药表

抗生素	大肠埃希菌	肠球菌
红霉素	—	S
卡那霉素	S	—
庆大霉素	S	—
阿奇霉素	4/S	0.125/—
诺氟沙星	S	S
氧氟沙星	S	—
环丙沙星	S	S
洛美沙星	S	—
左氧氟沙星	S	S
磺胺嘧啶	R	—
甲氧苄啶	S	I
头孢曲松	0.125/S	1/—
头孢克肟	0.25/S	64/—
氨苄西林	S	S
阿莫西林	S	—
阿莫西林/克拉维酸	4	1
氨曲南	0.125/S	128/—
亚胺培南	0.125/S	32/—
四环素	S	S

推荐用药

诺氟沙星、环丙沙星、左氧氟沙星、甲氧苄啶、氨苄西林、阿奇霉素、阿莫西林/克拉维酸、四环素。

姓名：娜娜

性别：雌

出生日期：2017 年 6 月 2 日

谱系号：1064

地点：核桃坪

表 4-105　娜娜肠道细菌耐药表

抗生素	大肠埃希菌	肠球菌
红霉素	—	S
卡那霉素	S	—
庆大霉素	S	—
阿奇霉素	2/S	1/—
诺氟沙星	S	S
氧氟沙星	I	—
环丙沙星	S	S
洛美沙星	S	—
左氧氟沙星	S	S
磺胺嘧啶	R	—
甲氧苄啶	R	I
头孢曲松	0.125/S	32/—
头孢克肟	0.125/S	128/—
氨苄西林	S	S
阿莫西林	S	—
阿莫西林 / 克拉维酸	8	0.5
氨曲南	0.125/S	≥ 256/—
亚胺培南	0.125/S	64/—
四环素	R	S

推荐用药

诺氟沙星、环丙沙星、左氧氟沙星、氨苄西林、阿奇霉素、阿莫西林 / 克拉维酸。

姓名：平平

性别：雌

出生日期：2008 年 7 月 6 日

谱系号：704

地点：核桃坪

表 4-106   平平肠道细菌耐药表

抗生素	大肠埃希菌	肠杆菌
卡那霉素	S	S
庆大霉素	S	S
阿奇霉素	2/S	8/S
诺氟沙星	S	I
氧氟沙星	S	S
环丙沙星	S	S
洛美沙星	S	S
左氧氟沙星	S	S
磺胺嘧啶	R	R
甲氧苄啶	S	S
头孢曲松	0.125/S	0.125/S
头孢克肟	0.125/S	0.125/S
氨苄西林	S	R
阿莫西林	S	R
阿莫西林 / 克拉维酸	2	4
氨曲南	0.125/S	0.125/S
亚胺培南	0.125/S	0.25/S
四环素	S	S

推荐用药

卡那霉素、庆大霉素、阿奇霉素、诺氟沙星、氧氟沙星、环丙沙星、洛美沙星、左氧氟沙星、甲氧苄啶、头孢曲松、头孢克肟、氨曲南、亚胺培南、阿莫西林 / 克拉维酸、四环素。

姓名：琴心

性别：雌

出生日期：2016 年 6 月 16 日

谱系号：995

地点：核桃坪

表 4-107　琴心肠道细菌耐药表

抗生素	大肠埃希菌	肠球菌
红霉素	—	S
卡那霉素	S	—
庆大霉素	S	—
阿奇霉素	2/S	1/—
诺氟沙星	S	S
氧氟沙星	S	—
环丙沙星	S	S
洛美沙星	S	—
左氧氟沙星	S	S
磺胺嘧啶	S	—
甲氧苄啶	S	I
头孢曲松	0.1/S	64/—
头孢克肟	0.3/S	≥ 256/—
氨苄西林	S	S
阿莫西林	S	—
阿莫西林/克拉维酸	4	0.5
氨曲南	0.1/S	≥ 256/—
亚胺培南	0.3/S	64/—
四环素	S	S

推荐用药

诺氟沙星、环丙沙星、左氧氟沙星、甲氧苄啶、氨苄西林、阿奇霉素、阿莫西林/克拉维酸、四环素。

姓名：张卡

性别：雌

出生日期：2000 年 9 月 1 日

谱系号：505

地点：核桃坪

表 4-108　张卡肠道细菌耐药表

抗生素	大肠埃希菌	肠球菌
红霉素	—	S
卡那霉素	S	—
庆大霉素	S	—
阿奇霉素	2/S	0.125/—
诺氟沙星	S	S
氧氟沙星	I	—
环丙沙星	S	S
洛美沙星	S	—
左氧氟沙星	S	S
磺胺嘧啶	R	—
甲氧苄啶	R	I
头孢曲松	0.125/S	1/—
头孢克肟	0.125/S	64/—
氨苄西林	R	S
阿莫西林	R	—
阿莫西林 / 克拉维酸	0.125	0.25
氨曲南	0.125/S	128/—
亚胺培南	0.125/S	32/—
四环素	R	S

推荐用药

诺氟沙星、环丙沙星、左氧氟沙星、阿奇霉素、阿莫西林 / 克拉维酸。

姓名：珍珍

性别：雌

出生日期：2007 年 8 月 3 日

谱系号：694

地点：核桃坪

表4-109 珍珍肠道细菌耐药表

抗生素	肠杆菌	肠球菌
红霉素	—	S
卡那霉素	S	—
庆大霉素	S	—
阿奇霉素	2/S	0.125/—
诺氟沙星	I	S
氧氟沙星	S	—
环丙沙星	S	S
洛美沙星	S	—
左氧氟沙星	S	S
磺胺嘧啶	R	—
甲氧苄啶	S	I
头孢曲松	0.125/S	2/—
头孢克肟	0.125/S	64/—
氨苄西林	R	S
阿莫西林	R	—
阿莫西林/克拉维酸	128	1
氨曲南	0.125/S	128/—
亚胺培南	0.5/S	8/—
四环素	S	S

推荐用药

诺氟沙星、环丙沙星、左氧氟沙星、甲氧苄啶、阿奇霉素、四环素。

全国其他地区

姓名：淘淘

性别：雄

出生日期：2010 年 3 月 3 日

谱系号：633

地点：四川省广安市华蓥山大熊猫野化放归中心

表 4-110　淘淘肠道细菌耐药表

抗生素	大肠埃希菌	肠球菌
红霉素	—	S
卡那霉素	S	—
庆大霉素	R	—
阿奇霉素	2/S	0.125/—
诺氟沙星	S	S
氧氟沙星	S	—
环丙沙星	S	S
洛美沙星	S	—
左氧氟沙星	S	S
磺胺嘧啶	R	—
甲氧苄啶	S	R
头孢曲松	0.125/S	1/—
头孢克肟	0.25/S	64/—
氨苄西林	S	S
阿莫西林	S	—
阿莫西林 / 克拉维酸	8	1
氨曲南	0.125/S	128/—
亚胺培南	0.125/S	32/—
四环素	S	S

推荐用药

诺氟沙星、环丙沙星、左氧氟沙星、氨苄西林、阿奇霉素、阿莫西林 / 克拉维酸、四环素。

姓名：云涛

性别：雄

出生日期：2011 年 10 月 31 日

谱系号：830

地点：四川省广安市华蓥山大熊猫野化放归中心

表 4-111　云涛肠道细菌耐药表

抗生素	大肠埃希菌	肠球菌
红霉素	—	S
卡那霉素	S	—
庆大霉素	S	—
阿奇霉素	2/S	0.125/—
诺氟沙星	S	S
氧氟沙星	S	—
环丙沙星	S	S
洛美沙星	S	
左氧氟沙星	S	S
磺胺嘧啶	R	—
甲氧苄啶	S	R
头孢曲松	0.125/S	8/—
头孢克肟	0.125/S	≥ 256/—
氨苄西林	S	S
阿莫西林	S	
阿莫西林 / 克拉维酸	0.25	0.5
氨曲南	0.125/S	128/—
亚胺培南	0.125/S	32/—
四环素	R	R

推荐用药

诺氟沙星、环丙沙星、氨苄西林、阿奇霉素、阿莫西林 / 克拉维酸。

姓名：九九

性别：雌

出生日期：2015 年 8 月 10 日

谱系号：971

地点：江苏省南京市红山动物园

表4-112　九九肠道细菌耐药表

抗生素	大肠埃希菌	肠球菌
红霉素	—	S
卡那霉素	S	—
庆大霉素	S	—
阿奇霉素	2/S	1/—
诺氟沙星	S	S
氧氟沙星	R	—
环丙沙星	S	S
洛美沙星	S	—
左氧氟沙星	S	S
磺胺嘧啶	R	—
甲氧苄啶	S	R
头孢曲松	0.125/S	64/—
头孢克肟	0.125/S	≥ 256/—
氨苄西林	S	S
阿莫西林	S	—
阿莫西林 / 克拉维酸	2	0.5
氨曲南	0.125/S	128/—
亚胺培南	0.125/S	32/—
四环素	R	S

推荐用药

诺氟沙星、环丙沙星、左氧氟沙星、氨苄西林、阿奇霉素、阿莫西林 / 克拉维酸。

姓名：平平

性别：雄

出生日期：2015 年 6 月 27 日

谱系号：952

地点：江苏省南京市红山动物园

表 4-113　平平肠道细菌耐药表

抗生素	肠杆菌	大肠埃希菌
红霉素	—	—
卡那霉素	S	S
庆大霉素	S	S
阿奇霉素	8/S	2/S
诺氟沙星	I	S
氧氟沙星	S	S
环丙沙星	S	S
洛美沙星	S	S
左氧氟沙星	S	S
磺胺嘧啶	R	R
甲氧苄啶	S	S
头孢曲松	0.125/S	0.125/S
头孢克肟	0.125/S	0.125/S
氨苄西林	R	S
阿莫西林	R	S
阿莫西林 / 克拉维酸	4	2
氨曲南	0.125/S	0.125/S
亚胺培南	0.25/S	0.125/S
四环素	S	S

推荐用药

　　卡那霉素、庆大霉素、阿奇霉素、氧氟沙星、环丙沙星、洛美沙星、左氧氟沙星、甲氧苄啶、头孢曲松、头孢克肟、氨曲南、亚胺培南、诺氟沙星、阿莫西林 / 克拉维酸、四环素。

姓名：和和

性别：雌

出生日期：2015 年 8 月 10 日

谱系号：970

地点：江苏省南京市红山动物园

表 4-114　和和肠道细菌耐药表

抗生素	大肠埃希菌	肠杆菌
红霉素	—	—
卡那霉素	S	S
庆大霉素	S	S
阿奇霉素	0.25/S	1/S
诺氟沙星	S	I
氧氟沙星	S	S
环丙沙星	S	S
洛美沙星	S	S
左氧氟沙星	S	S
磺胺嘧啶	R	R
甲氧苄啶	S	S
头孢曲松	0.125/S	0.125/S
头孢克肟	0.125/S	0.125/S
氨苄西林	R	S
阿莫西林	R	S
阿莫西林 / 克拉维酸	0.5	4
氨曲南	0.125/S	0.125/S
亚胺培南	0.125/S	0.25/S
四环素	S	S

推荐用药

　　卡那霉素、庆大霉素、阿奇霉素、氧氟沙星、环丙沙星、洛美沙星、左氧氟沙星、甲氧苄啶、头孢曲松、头孢克肟、氨曲南、亚胺培南、阿莫西林 / 克拉维酸、四环素。

姓名：雷雷

性别：雌

出生日期：1989 年

谱系号：374

地点：福建省福州市海峡大熊猫研究交流中心

表4-115　雷雷肠道细菌耐药表

抗生素	大肠埃希菌	肠球菌
红霉素	—	S
卡那霉素	S	—
庆大霉素	S	—
阿奇霉素	1/S	0.125/—
诺氟沙星	S	S
氧氟沙星	I	—
环丙沙星	I	S
洛美沙星	S	—
左氧氟沙星	S	S
磺胺嘧啶	S	—
甲氧苄啶	R	I
头孢曲松	0.125/S	1/—
头孢克肟	0.25/S	64/—
氨苄西林	S	S
阿莫西林	S	—
阿莫西林/克拉维酸	4	0.5
氨曲南	0.125/S	128/—
亚胺培南	0.25/S	16/—
四环素	R	S

推荐用药

诺氟沙星、左氧氟沙星、氨苄西林、阿奇霉素、环丙沙星、阿莫西林/克拉维酸。

姓名：林阳

性别：雄

出生日期：2001 年 9 月 28 日

谱系号：538

地点：福建省福州市海峡大熊猫研究交流中心

表 4-116　林阳肠道细菌耐药表

抗生素	大肠埃希菌	肠球菌
红霉素	—	S
卡那霉素	S	—
庆大霉素	S	—
阿奇霉素	2/S	0.125/—
诺氟沙星	S	S
氧氟沙星	S	—
环丙沙星	S	S
洛美沙星	S	—
左氧氟沙星	S	S
磺胺嘧啶	R	—
甲氧苄啶	S	I
头孢曲松	0.125/S	2/—
头孢克肟	0.125/S	≥ 256/—
氨苄西林	S	—
阿莫西林	S	—
阿莫西林 / 克拉维酸	0.5	0.5
氨曲南	0.125/S	128/—
亚胺培南	0.125/S	8/—
四环素	R	S

推荐用药

诺氟沙星、环丙沙星、左氧氟沙星、氨苄西林、甲氧苄啶、阿奇霉素、阿莫西林 / 克拉维酸。

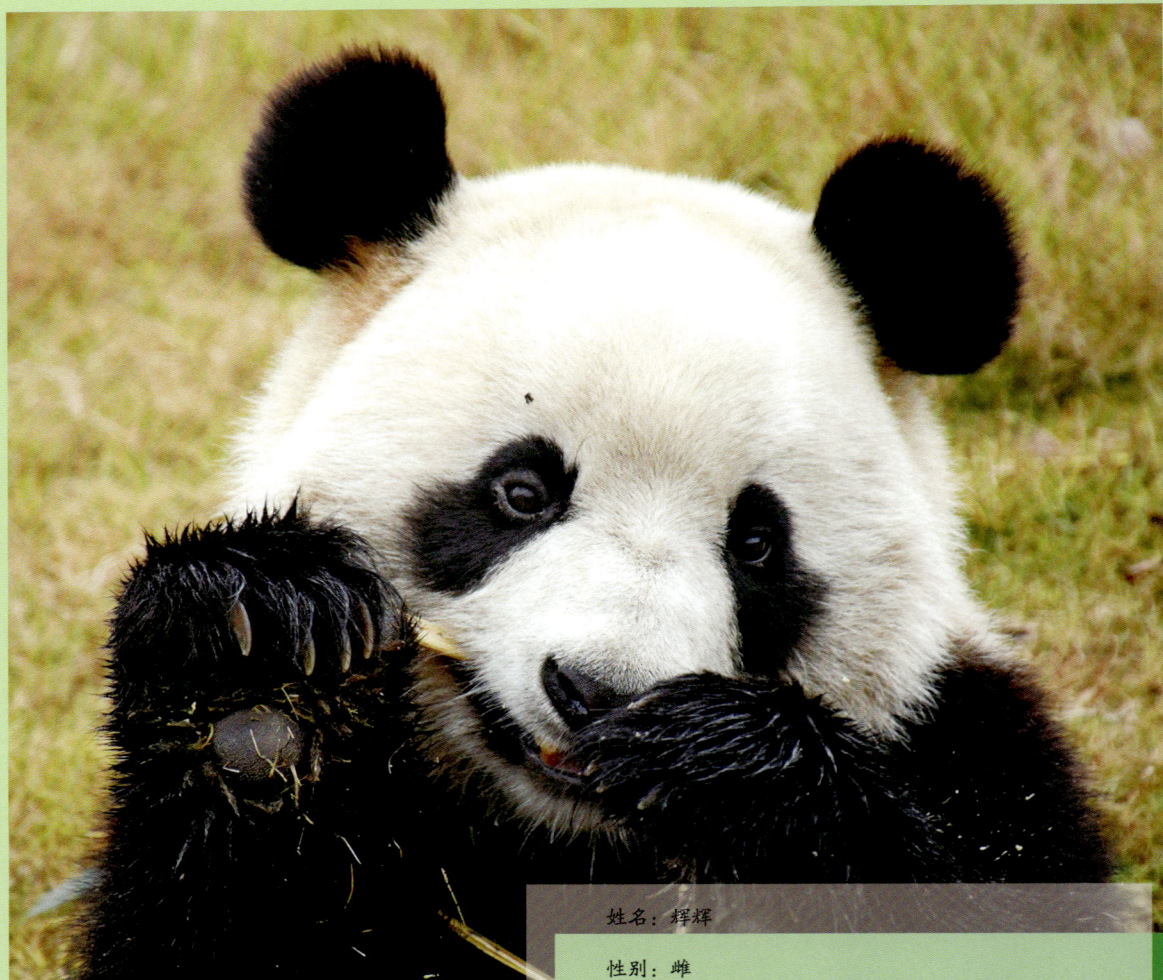

姓名：辉辉

性别：雌

出生日期：2012 年 7 月 11 日

谱系号：835

地点：四川省南充市阆中市江南镇熊猫乐园科普馆

表 4-117　辉辉肠道细菌耐药表

抗生素	大肠埃希菌	肠杆菌
红霉素	—	—
卡那霉素	S	S
庆大霉素	S	S
阿奇霉素	1/S	4/S
诺氟沙星	S	I
氧氟沙星	S	S
环丙沙星	S	S
洛美沙星	S	S
左氧氟沙星	S	S
磺胺嘧啶	S	R
甲氧苄啶	R	S
头孢曲松	0.125/S	0.125/S
头孢克肟	0.125/S	0.125/S
氨苄西林	S	S
阿莫西林	S	R
阿莫西林 / 克拉维酸	2	128
氨曲南	0.125/S	0.125/S
亚胺培南	0.25/S	0.5/S
四环素	R	S

推荐用药

卡那霉素、庆大霉素、阿奇霉素、氧氟沙星、环丙沙星、洛美沙星、左氧氟沙星、头孢曲松、头孢克肟、氨苄西林、氨曲南、诺氟沙星、阿莫西林 / 克拉维酸。

姓名：福龙

性别：雄

出生日期：2007 年 8 月 23 日

谱系号：685

地点：四川省南充市阆中市江南镇熊猫乐园科普馆

表 4-118　福龙肠道细菌耐药表

抗生素	大肠埃希菌	肠球菌
红霉素	—	S
卡那霉素	S	—
庆大霉素	S	—
阿奇霉素	1/S	1/—
诺氟沙星	S	S
氧氟沙星	S	—
环丙沙星	S	S
洛美沙星	S	—
左氧氟沙星	S	S
磺胺嘧啶	R	—
甲氧苄啶	R	R
头孢曲松	0.125/S	0.125/—
头孢克肟	0.125/S	0.5/—
氨苄西林	S	S
阿莫西林	S	—
阿莫西林/克拉维酸	2	16
氨曲南	0.125/S	0.125/—
亚胺培南	0.25/S	8/—
四环素	R	R

推荐用药

诺氟沙星、环丙沙星、左氧氟沙星、氨苄西林、阿奇霉素、头孢曲松、头孢克肟、氨曲南、亚胺培南、阿莫西林/克拉维酸。

姓名：希望

性别：雄

出生日期：2005 年 8 月 11 日

谱系号：607

地点：山东省泰安市花海动物园

表 4-119　希望肠道细菌耐药表

抗生素	大肠埃希菌	肠球菌
红霉素	—	S
卡那霉素	S	—
庆大霉素	S	—
阿奇霉素	1/S	0.125/—
诺氟沙星	S	S
氧氟沙星	S	—
环丙沙星	S	S
洛美沙星	S	—
左氧氟沙星	S	S
磺胺嘧啶	R	—
甲氧苄啶	R	I
头孢曲松	0.125/S	0.5/—
头孢克肟	0.125/S	8/—
氨苄西林	S	S
阿莫西林	S	—
阿莫西林 / 克拉维酸	1	0.25
氨曲南	0.125/S	0.25/—
亚胺培南	0.125/S	0.125/—
四环素	R	S

推荐用药

诺氟沙星、环丙沙星、氨苄西林、阿奇霉素、头孢曲松、阿莫西林 / 克拉维酸、氨曲南、亚胺培南。

姓名：武俊

性别：雄

出生日期：2007 年 9 月 14 日

谱系号：689

地点：山东省泰安市花海动物园

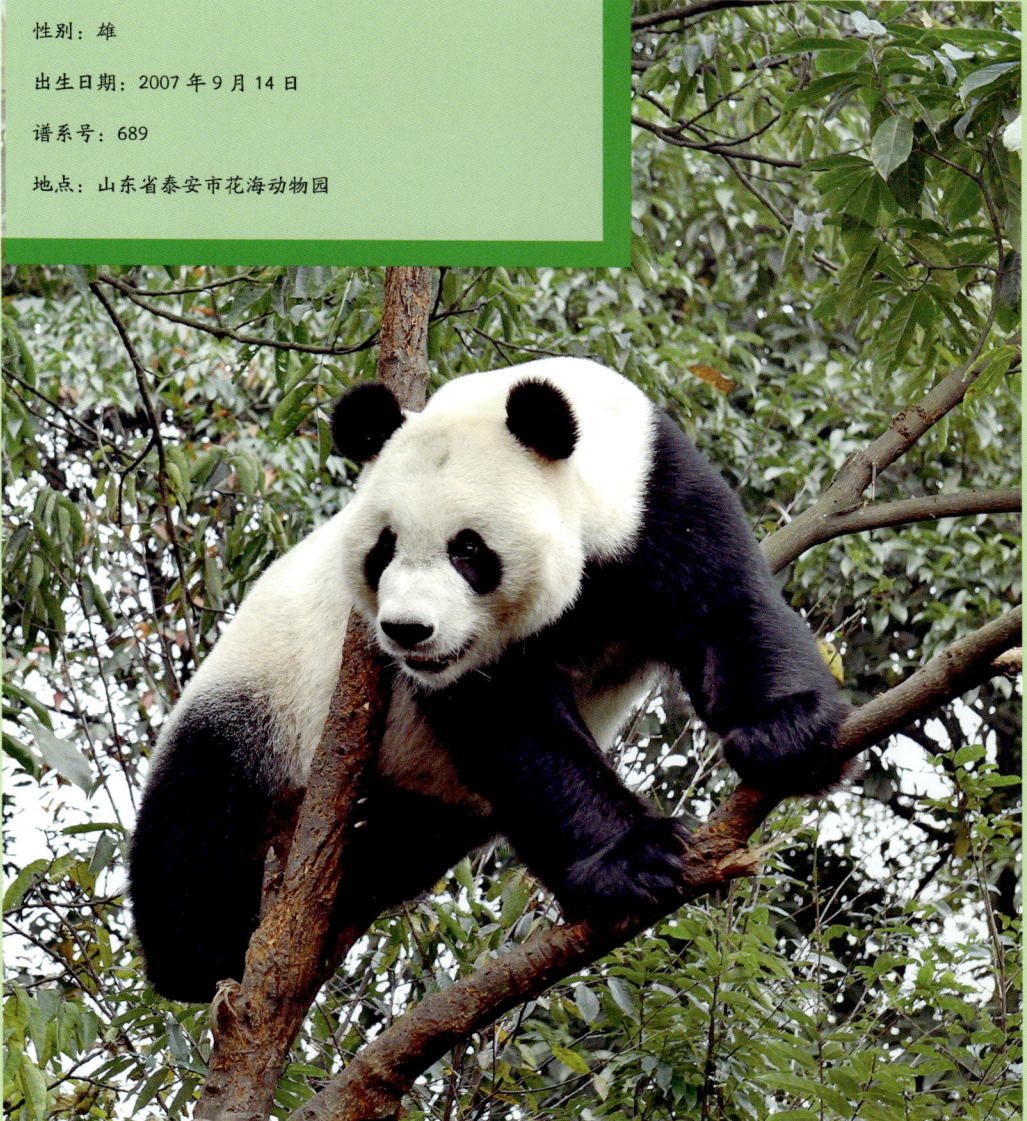

表 4-120　武俊肠道细菌耐药表

抗生素	柠檬酸杆菌	肠球菌
红霉素	—	S
卡那霉素	S	—
庆大霉素	S	—
阿奇霉素	2/S	0.125/—
诺氟沙星	I	S
氧氟沙星	S	—
环丙沙星	S	S
洛美沙星	S	—
左氧氟沙星	S	S
磺胺嘧啶	R	—
甲氧苄啶	S	S
头孢曲松	0.125/S	8/—
头孢克肟	1/S	0.125/—
氨苄西林	S	R
阿莫西林	R	—
阿莫西林 / 克拉维酸	32	1
氨曲南	0.125/S	0.125/—
亚胺培南	0.25/S	0.125/—
四环素	S	S

推荐用药

诺氟沙星、环丙沙星、左氧氟沙星、甲氧苄啶、阿奇霉素、氨曲南、亚胺培南、四环素。

姓名：雅郡

性别：雌

出生日期：2015 年 9 月 6 日

谱系号：984

地点：浙江省宁波市雅戈尔动物园

表 4-121　雅郡肠道细菌耐药表

抗生素	大肠埃希菌	肠球菌
红霉素	—	S
卡那霉素	S	—
庆大霉素	S	—
阿奇霉素	1/S	0.125/—
诺氟沙星	S	S
氧氟沙星	I	—
环丙沙星	S	S
洛美沙星	S	—
左氧氟沙星	S	S
磺胺嘧啶	R	—
甲氧苄啶	R	S
头孢曲松	0.125/S	0.125/—
头孢克肟	0.125/S	0.125/—
氨苄西林	S	S
阿莫西林	S	—
阿莫西林 / 克拉维酸	2	1
氨曲南	0.125/S	0.125/—
亚胺培南	0.25/S	0.125/—
四环素	R	S

推荐用药

诺氟沙星、环丙沙星、左氧氟沙星、氨苄西林、头孢曲松、头孢克肟、氨曲南、亚胺培南、阿奇霉素、阿莫西林 / 克拉维酸。

姓名：阿杰

性别：雌

出生日期：2015 年 8 月 31 日

谱系号：983

地点：浙江省宁波市雅戈尔动物园

表 4-122　阿杰肠道细菌耐药表

抗生素	大肠埃希菌	柠檬酸杆菌
红霉素	—	—
卡那霉素	S	R
庆大霉素	S	R
阿奇霉素	1/S	2/S
诺氟沙星	S	I
氧氟沙星	S	R
环丙沙星	S	I
洛美沙星	S	I
左氧氟沙星	S	S
磺胺嘧啶	S	R
甲氧苄啶	R	S
头孢曲松	0.125/S	4/R
头孢克肟	0.5/S	128/R
氨苄西林	S	S
阿莫西林	S	S
阿莫西林 / 克拉维酸	4	1
氨曲南	0.125/S	128/R
亚胺培南	0.25/S	8/R
四环素	R	S

推荐用药

阿奇霉素、左氧氟沙星、氨苄西林、阿莫西林、诺氟沙星、环丙沙星、氨曲南、亚胺培南。

姓名：星安

性别：雌

出生日期：2013 年 8 月 5 日

谱系号：880

地点：江苏省常州市溧阳市戴埠镇天目湖南山竹海旅游有限公司

表 4-123　星安肠道细菌耐药表

抗生素	大肠埃希菌	肠球菌
红霉素	—	S
卡那霉素	S	—
庆大霉素	S	—
阿奇霉素	1/S	1/—
诺氟沙星	R	S
氧氟沙星	R	—
环丙沙星	R	S
洛美沙星	R	—
左氧氟沙星	R	S
磺胺嘧啶	R	—
甲氧苄啶	R	I
头孢曲松	0.125/S	≥ 256/—
头孢克肟	1/S	≥ 256/—
氨苄西林	R	S
阿莫西林	R	—
阿莫西林 / 克拉维酸	16	0.5
氨曲南	0.125/S	128/—
亚胺培南	0.25/S	32/—
四环素	R	S

推荐用药

阿奇霉素，或选择对革兰阴性菌或革兰阳性菌敏感的药物联合应用。

姓名：华丽

性别：雌

出生日期：2013 年 9 月 2 日

谱系号：907

地点：江苏省常州市溧阳市戴埠镇天目湖南山竹海旅游有限公司

表4-124　华丽肠道细菌耐药表

抗生素	大肠埃希菌	肠球菌
红霉素	—	S
卡那霉素	S	—
庆大霉素	S	—
阿奇霉素	1/S	0.125/—
诺氟沙星	S	S
氧氟沙星	S	—
环丙沙星	S	S
洛美沙星	S	—
左氧氟沙星	S	S
磺胺嘧啶	R	—
甲氧苄啶	R	R
头孢曲松	0.125/S	0.125/—
头孢克肟	0.125/S	0.125/—
氨苄西林	S	S
阿莫西林	S	—
阿莫西林 / 克拉维酸	2	1
氨曲南	0.125/S	0.125/—
亚胺培南	0.25/S	16/—
四环素	S	R

推荐用药

诺氟沙星、环丙沙星、左氧氟沙星、氨苄西林、阿奇霉素、氨曲南。

姓名：云子

性别：雄

出生日期：2009 年 8 月 5 日

谱系号：749

地点：河北省石家庄市动物园管理处

表4-125 云子肠道细菌耐药表

抗生素	摩根氏菌	克雷伯菌
红霉素	—	—
卡那霉素	S	S
庆大霉素	S	S
阿奇霉素	16/S	4/S
诺氟沙星	I	I
氧氟沙星	S	S
环丙沙星	S	S
洛美沙星	S	S
左氧氟沙星	S	S
磺胺嘧啶	R	R
甲氧苄啶	S	S
头孢曲松	0.125/S	0.125/S
头孢克肟	0.125/S	0.125/S
氨苄西林	R	I
阿莫西林	R	R
阿莫西林/克拉维酸	128	8
氨曲南	0.125/S	0.125/S
亚胺培南	2/I	0.25/S
四环素	R	S

推荐用药

卡那霉素、庆大霉素、阿奇霉素、氧氟沙星、环丙沙星、洛美沙星、左氧氟沙星、甲氧苄啶、头孢曲松、头孢克肟、氨曲南、亚胺培南、诺氟沙星。

姓名：娅祥

性别：雄

出生日期：2001 年 8 月 20 日

谱系号：529

地点：河北省石家庄市动物园管理处

表 4-126　娅祥肠道细菌耐药表

抗生素	大肠埃希菌	肠球菌
红霉素	—	S
卡那霉素	S	—
庆大霉素	S	—
阿奇霉素	1/S	1/—
诺氟沙星	R	S
氧氟沙星	R	—
环丙沙星	R	S
洛美沙星	R	—
左氧氟沙星	R	S
磺胺嘧啶	R	—
甲氧苄啶	R	I
头孢曲松	0.125/S	0.125/—
头孢克肟	1/S	0.125/—
氨苄西林	R	S
阿莫西林	R	—
阿莫西林 / 克拉维酸	16	4
氨曲南	0.125/S	0.125/—
亚胺培南	0.125/S	8/—
四环素	R	R

推荐用药

阿奇霉素、头孢曲松、头孢克肟、氨曲南。

姓名：清风

性别：雄

出生日期：2007 年 8 月 24 日

谱系号：1088

地点：江苏省盐城市大丰区动物园

表 4-127　清风肠道细菌耐药表

抗生素	柠檬酸杆菌	大肠埃希菌
红霉素	—	—
卡那霉素	S	S
庆大霉素	S	S
阿奇霉素	4/S	0.125/S
诺氟沙星	I	S
氧氟沙星	I	I
环丙沙星	S	I
洛美沙星	S	S
左氧氟沙星	S	S
磺胺嘧啶	R	S
甲氧苄啶	S	S
头孢曲松	0.125/S	2/I
头孢克肟	0.125/S	2/I
氨苄西林	S	S
阿莫西林	R	S
阿莫西林 / 克拉维酸	≥ 256	0.125
氨曲南	0.125/S	8/I
亚胺培南	0.25/S	0.25/S
四环素	S	S

推荐用药

卡那霉素、庆大霉素、阿奇霉素、洛美沙星、左氧氟沙星、甲氧苄啶、氨苄西林、亚胺培南、诺氟沙星、环丙沙星、头孢曲松、头孢克肟、氧氟沙星、四环素。

姓名：**龙昇**

性别：**雄**

出生日期：2000 年 8 月 22 日

谱系号：518

地点：江苏省盐城市大丰区动物园

表 4-128　龙昇肠道细菌耐药表

抗生素	大肠埃希菌	肠球菌
红霉素	—	S
卡那霉素	S	—
庆大霉素	S	—
阿奇霉素	2/S	0.125/—
诺氟沙星	S	S
氧氟沙星	S	—
环丙沙星	S	S
洛美沙星	S	—
左氧氟沙星	S	S
磺胺嘧啶	S	—
甲氧苄啶	R	S
头孢曲松	0.125/S	0.125/—
头孢克肟	1/S	0.125/—
氨苄西林	S	S
阿莫西林	R	—
阿莫西林 / 克拉维酸	128	0.5
氨曲南	0.125/S	0.125/—
亚胺培南	0.5/S	0.125/—
四环素	S	S

推荐用药

诺氟沙星、环丙沙星、左氧氟沙星、氨苄西林、阿奇霉素、氨曲南、亚胺培南、四环素。

姓名：飞云

性别：雌

出生日期：2010 年 7 月 30 日

谱系号：774

地点：辽宁省大连市森林动物园

表4-129　飞云肠道细菌耐药表

抗生素	大肠埃希菌	肠球菌
红霉素	—	S
卡那霉素	S	—
庆大霉素	S	—
阿奇霉素	≥ 256/R	0.125/—
诺氟沙星	S	S
氧氟沙星	S	—
环丙沙星	S	S
洛美沙星	S	—
左氧氟沙星	S	S
磺胺嘧啶	S	—
甲氧苄啶	R	I
头孢曲松	0.125/S	64/—
头孢克肟	0.125/S	≥ 256/—
氨苄西林	I	S
阿莫西林	R	—
阿莫西林 / 克拉维酸	4	0.5
氨曲南	0.125/S	128/—
亚胺培南	0.25/S	0.125/—
四环素	S	S

推荐用药

诺氟沙星、环丙沙星、左氧氟沙星、氨苄西林、亚胺培南、四环素。

姓名：金虎

性别：雄

出生日期：2010 年 7 月 8 日

谱系号：768

地点：辽宁省大连市森林动物园

表 4-130　金虎肠道细菌耐药表

抗生素	大肠埃希菌	肠球菌
红霉素	—	S
卡那霉素	S	—
庆大霉素	S	—
阿奇霉素	1/S	0.125/—
诺氟沙星	S	S
氧氟沙星	S	—
环丙沙星	S	S
洛美沙星	S	—
左氧氟沙星	S	S
磺胺嘧啶	S	—
甲氧苄啶	R	I
头孢曲松	0.125/S	0.125/—
头孢克肟	0.125/S	0.5/—
氨苄西林	S	S
阿莫西林	S	—
阿莫西林/克拉维酸	2	8
氨曲南	0.125/S	0.125/—
亚胺培南	0.25/S	16/—
四环素	R	S

推荐用药

诺氟沙星、环丙沙星、左氧氟沙星、氨苄西林、阿奇霉素、氨曲南。

姓名：妙音

性别：雌

出生日期：2010 年 8 月 9 日

谱系号：781

地点：辽宁省大连市森林动物园

表 4-131　妙音肠道细菌耐药表

抗生素	大肠埃希菌	肠球菌
红霉素	—	S
卡那霉素	S	—
庆大霉素	S	—
阿奇霉素	1/S	0.125/—
诺氟沙星	S	S
氧氟沙星	S	—
环丙沙星	S	S
洛美沙星	S	—
左氧氟沙星	S	S
磺胺嘧啶	S	—
甲氧苄啶	R	I
头孢曲松	0.125/S	0.125/—
头孢克肟	0.125/S	0.125/—
氨苄西林	S	S
阿莫西林	S	—
阿莫西林 / 克拉维酸	2	4
氨曲南	0.125/S	0.125/—
亚胺培南	0.25/S	0.125/—
四环素	R	S

推荐用药

诺氟沙星、环丙沙星、左氧氟沙星、氨苄西林、阿奇霉素、阿莫西林 / 克拉维酸、氨曲南、亚胺培南。

姓名：苏星

性别：雄

出生日期：2014年8月3日

谱系号：926

地点：四川省眉山市青神县竹艺城

表4-132 苏星肠道细菌耐药表

抗生素	肠杆菌	大肠埃希菌
红霉素	—	—
卡那霉素	S	S
庆大霉素	S	S
阿奇霉素	4/S	0.5/S
诺氟沙星	I	S
氧氟沙星	S	S
环丙沙星	S	S
洛美沙星	S	S
左氧氟沙星	S	S
磺胺嘧啶	R	S
甲氧苄啶	S	R
头孢曲松	0.125/S	0.125/S
头孢克肟	0.125/S	0.125/S
氨苄西林	I	S
阿莫西林	R	S
阿莫西林/克拉维酸	8	2
氨曲南	0.125/S	0.125/S
亚胺培南	0.25/S	0.25/S
四环素	S	S

推荐用药

卡那霉素、庆大霉素、阿奇霉素、氧氟沙星、环丙沙星、左氧氟沙星、头孢曲松、头孢克肟、氨曲南、亚胺培南、四环素、诺氟沙星、氨苄西林。

姓名：华荣

性别：雄

出生日期：2013 年 7 月 18 日

谱系号：874

地点：四川省眉山市青神县竹艺城

表 4-133　华荣肠道细菌耐药表

抗生素	大肠埃希菌	肠球菌
红霉素	—	I
卡那霉素	S	—
庆大霉素	S	—
阿奇霉素	0.5/S	0.125/—
诺氟沙星	S	S
氧氟沙星	S	—
环丙沙星	S	S
洛美沙星	S	—
左氧氟沙星	S	S
磺胺嘧啶	S	—
甲氧苄啶	R	S
头孢曲松	0.125/S	0.125/—
头孢克肟	0.125/S	0.125/—
氨苄西林	S	S
阿莫西林	S	—
阿莫西林 / 克拉维酸	2	4
氨曲南	0.125/S	0.125/—
亚胺培南	0.25/S	0.125/—
四环素	R	S

推荐用药

诺氟沙星、环丙沙星、左氧氟沙星、氨苄西林、阿奇霉素、头孢曲松、头孢克肟、氨曲南、亚胺培南。

姓名：奥运

性别：雄

出生日期：2008 年 8 月 8 日

谱系号：721

地点：湖北省神农架野生动植物主题公园

表 4-134　奥运肠道细菌耐药表

抗生素	柠檬酸杆菌	大肠埃希菌
红霉素	—	—
卡那霉素	S	S
庆大霉素	S	S
阿奇霉素	2/S	1/S
诺氟沙星	I	S
氧氟沙星	S	S
环丙沙星	S	S
洛美沙星	S	S
左氧氟沙星	S	S
磺胺嘧啶	R	S
甲氧苄啶	S	R
头孢曲松	0.125/S	0.125/S
头孢克肟	0.125/S	0.125/S
氨苄西林	S	S
阿莫西林	R	S
阿莫西林 / 克拉维酸	16	2
氨曲南	0.125/S	0.125/S
亚胺培南	0.25/S	0.25/S
四环素	S	S

推荐用药

卡那霉素、庆大霉素、阿奇霉素、氧氟沙星、环丙沙星、洛美沙星、左氧氟沙星。
头孢曲松、头孢克肟、氨苄西林、氨曲南、亚胺培南、四环素、诺氟沙星。

姓名：韵韵

性别：雌

出生日期：2008 年 7 月 13 日

谱系号：706

地点：湖北省神农架野生动植物主题公园

表 4-135　韵韵肠道细菌耐药表

抗生素	大肠埃希菌	柠檬酸杆菌
红霉素	—	—
卡那霉素	S	S
庆大霉素	S	S
阿奇霉素	1/S	2/S
诺氟沙星	S	I
氧氟沙星	I	S
环丙沙星	I	S
洛美沙星	S	S
左氧氟沙星	S	S
磺胺嘧啶	R	R
甲氧苄啶	R	S
头孢曲松	0.125/S	0.125/S
头孢克肟	0.125/S	0.125/S
氨苄西林	S	R
阿莫西林	S	R
阿莫西林 / 克拉维酸	2	4
氨曲南	0.125/S	0.125/S
亚胺培南	0.25/S	0.5/S
四环素	R	S

推荐用药

卡那霉素、庆大霉素、阿奇霉素、洛美沙星、左氧氟沙星、头孢曲松、头孢克肟、氨曲南、亚胺培南、诺氟沙星、氧氟沙星、环丙沙星。

姓名：新月

性别：雌

出生日期：2003 年 8 月 14 日

谱系号：565

地点：江苏省苏州市太湖湿地世界旅游发展有限公司

表 4-136　新月肠道细菌耐药表

抗生素	克雷伯菌	大肠埃希菌
红霉素	—	—
卡那霉素	S	S
庆大霉素	S	S
阿奇霉素	4/S	1/S
诺氟沙星	I	S
氧氟沙星	I	S
环丙沙星	S	S
洛美沙星	S	S
左氧氟沙星	S	S
磺胺嘧啶	R	R
甲氧苄啶	S	R
头孢曲松	0.125/S	0.125/S
头孢克肟	0.125/S	0.125/S
氨苄西林	R	S
阿莫西林	R	S
阿莫西林/克拉维酸	8	2
氨曲南	0.125/S	0.125/S
亚胺培南	0.25/S	0.25/S
四环素	S	S

推荐用药

　　卡那霉素、庆大霉素、阿奇霉素、环丙沙星、洛美沙星、左氧氟沙星、头孢曲松、头孢克肟、氨曲南、亚胺培南、四环素、诺氟沙星、氧氟沙星。

姓名：竹韵

性别：雌

出生日期：2002 年 7 月 17 日

谱系号：549

地点：江苏省苏州市太湖湿地世界旅游发展有限公司

表 4-137　竹韵肠道细菌耐药表

抗生素	克雷伯菌	大肠埃希菌
红霉素	—	—
卡那霉素	S	S
庆大霉素	S	S
阿奇霉素	4/S	1/S
诺氟沙星	I	S
氧氟沙星	S	S
环丙沙星	S	S
洛美沙星	S	S
左氧氟沙星	S	S
磺胺嘧啶	R	S
甲氧苄啶	S	R
头孢曲松	0.125/S	0.125/S
头孢克肟	0.125/S	0.125/S
氨苄西林	I	S
阿莫西林	R	S
阿莫西林 / 克拉维酸	4	1
氨曲南	0.125/S	0.125/S
亚胺培南	0.25/S	0.25/S
四环素	S	S

推荐用药

卡那霉素、庆大霉素、阿奇霉素、氧氟沙星、环丙沙星、洛美沙星、左氧氟沙星、头孢曲松、头孢克肟、氨曲南、亚胺培南、四环素、诺氟沙星、氨苄西林、阿莫西林 / 克拉维酸。

姓名：冰清

性别：雌

出生日期：2014 年 8 月 12 日

谱系号：933

地点：辽宁省沈阳市森林动物园管理有限公司

表4-138　冰清肠道细菌耐药表

抗生素	柠檬酸杆菌	大肠埃希菌
红霉素	—	—
卡那霉素	S	S
庆大霉素	S	S
阿奇霉素	4/S	0.5/S
诺氟沙星	I	S
氧氟沙星	S	S
环丙沙星	S	S
洛美沙星	S	S
左氧氟沙星	S	S
磺胺嘧啶	R	S
甲氧苄啶	S	R
头孢曲松	0.125/S	0.125/S
头孢克肟	2/I	0.25/S
氨苄西林	R	S
阿莫西林	R	S
阿莫西林/克拉维酸	≥256	2
氨曲南	0.125/S	0.125/S
亚胺培南	2/I	0.25/S
四环素	S	S

推荐用药

　　卡那霉素、庆大霉素、阿奇霉素、氧氟沙星、环丙沙星、洛美沙星、左氧氟沙星、头孢曲松、氨曲南、四环素、诺氟沙星、头孢克肟、亚胺培南。

姓名：冰华

性别：雌

出生日期：2014 年 8 月 9 日

谱系号：929

地点：辽宁省沈阳市森林动物园管理有限公司

表 4-139　冰华肠道细菌耐药表

抗生素	大肠埃希菌	肠球菌
红霉素	—	I
卡那霉素	S	—
庆大霉素	S	—
阿奇霉素	2/S	0.25/—
诺氟沙星	S	I
氧氟沙星	S	—
环丙沙星	S	S
洛美沙星	S	—
左氧氟沙星	S	S
磺胺嘧啶	S	—
甲氧苄啶	R	I
头孢曲松	0.125/S	64/—
头孢克肟	0.125/S	32/—
氨苄西林	S	S
阿莫西林	S	—
阿莫西林 / 克拉维酸	2	1
氨曲南	0.125/S	128/—
亚胺培南	0.25/S	32/—
四环素	S	S

推荐用药

环丙沙星、左氧氟沙星、氨苄西林、四环素、诺氟沙星、阿奇霉素、阿莫西林 / 克拉维酸。

姓名：发发

性别：雄

出生日期：2014 年 8 月 10 日

谱系号：931

地点：辽宁省沈阳市森林动物园管理有限公司

表 4-140 发发肠道细菌耐药表

抗生素	克雷伯菌	大肠埃希菌
红霉素	—	—
卡那霉素	S	S
庆大霉素	S	S
阿奇霉素	8/S	2/S
诺氟沙星	I	S
氧氟沙星	S	S
环丙沙星	S	S
洛美沙星	S	S
左氧氟沙星	S	S
磺胺嘧啶	R	S
甲氧苄啶	S	R
头孢曲松	0.125/S	0.125/S
头孢克肟	0.125/S	0.125/S
氨苄西林	R	S
阿莫西林	R	S
阿莫西林 / 克拉维酸	8	2
氨曲南	0.125/S	0.125/S
亚胺培南	0.5/S	0.25/S
四环素	S	S

推荐用药

卡那霉素、庆大霉素、阿奇霉素、氧氟沙星、环丙沙星、洛美沙星、左氧氟沙星、头孢曲松、头孢克肟、氨曲南、亚胺培南、四环素、诺氟沙星。

姓名：浦浦

性别：雄

出生日期：2014 年 8 月 10 日

谱系号：932

地点：辽宁省沈阳市森林动物园管理有限公司

表 4-141　浦浦肠道细菌耐药表

抗生素	大肠埃希菌	克雷伯菌
红霉素	—	—
卡那霉素	S	I
庆大霉素	S	R
阿奇霉素	0.5/S	0.125/S
诺氟沙星	S	I
氧氟沙星	S	I
环丙沙星	S	I
洛美沙星	S	S
左氧氟沙星	S	S
磺胺嘧啶	S	R
甲氧苄啶	R	S
头孢曲松	0.125/S	2/I
头孢克肟	0.25/S	8/R
氨苄西林	S	S
阿莫西林	S	S
阿莫西林 / 克拉维酸	2	0.5
氨曲南	0.125/S	128/R
亚胺培南	0.25/S	0.5/S
四环素	S	S

推荐用药

阿奇霉素、洛美沙星、左氧氟沙星、氨苄西林、阿莫西林、亚胺培南、四环素、卡那霉素、诺氟沙星、氧氟沙星、环丙沙星、头孢曲松、阿莫西林 / 克拉维酸。

姓名：欢欢

性别：雄

出生日期：2006 年 8 月 14 日

谱系号：636

地点：浙江省台州市温岭市长屿硐天熊猫乐园

表 4-142　欢欢肠道细菌耐药表

抗生素	大肠埃希菌	肠球菌
红霉素	—	R
卡那霉素	S	—
庆大霉素	S	—
阿奇霉素	1/S	1/—
诺氟沙星	S	I
氧氟沙星	S	—
环丙沙星	S	S
洛美沙星	S	—
左氧氟沙星	S	S
磺胺嘧啶	S	—
甲氧苄啶	R	R
头孢曲松	0.125/S	0.125/—
头孢克肟	0.125/S	0.25/—
氨苄西林	S	R
阿莫西林	S	—
阿莫西林 / 克拉维酸	1	8
氨曲南	0.125/S	0.125/—
亚胺培南	0.25/S	8/—
四环素	S	S

推荐用药

环丙沙星、左氧氟沙星、四环素、诺氟沙星、阿奇霉素、头孢曲松、头孢克肟。

姓名：姚欣

性别：雌

出生日期：2009 年 9 月 27 日

谱系号：760

地点：浙江省台州市温岭市长屿硐天熊猫乐园

表 4-143　姚欣肠道细菌耐药表

抗生素	柠檬酸杆菌	肠球菌
红霉素	—	I
卡那霉素	S	—
庆大霉素	S	—
阿奇霉素	4/S	0.25/—
诺氟沙星	I	I
氧氟沙星	I	—
环丙沙星	S	S
洛美沙星	S	—
左氧氟沙星	S	S
磺胺嘧啶	R	—
甲氧苄啶	S	I
头孢曲松	0.125/S	2/—
头孢克肟	1/S	128/—
氨苄西林	S	S
阿莫西林	R	—
阿莫西林 / 克拉维酸	64	0.25
氨曲南	0.125/S	128/—
亚胺培南	0.5/S	32/—
四环素	S	S

推荐用药

环丙沙星、左氧氟沙星、氨苄西林、四环素、诺氟沙星、阿奇霉素。

姓名：美灵

性别：雄

出生日期：2004 年 9 月 1 日

谱系号：589

地点：江西省南昌市动物园管理处

表 4-144　美灵肠道细菌耐药表

抗生素	肠杆菌	大肠埃希菌
红霉素	—	—
卡那霉素	S	S
庆大霉素	S	S
阿奇霉素	2/S	2/S
诺氟沙星	I	S
氧氟沙星	I	S
环丙沙星	I	S
洛美沙星	S	S
左氧氟沙星	S	S
磺胺嘧啶	R	S
甲氧苄啶	R	R
头孢曲松	0.125/S	0.125/S
头孢克肟	0.125/S	0.125/S
氨苄西林	S	S
阿莫西林	S	I
阿莫西林/克拉维酸	4	8
氨曲南	0.125/S	0.125/S
亚胺培南	0.25/S	0.25/S
四环素	R	S

推荐用药

　　卡那霉素、庆大霉素、阿奇霉素、洛美沙星、左氧氟沙星、头孢克肟、头孢曲松、氨苄西林、氨曲南、四环素、诺氟沙星、氧氟沙星、环丙沙星、阿莫西林。

姓名：雅美

性别：雌

出生日期：2015 年 6 月 30 日

谱系号：953

地点：河北省保定市爱保野生动物世界有限公司

表 4-145　雅美肠道细菌耐药表

抗生素	大肠埃希菌	肠球菌
红霉素	—	R
卡那霉素	S	—
庆大霉素	S	—
阿奇霉素	2/S	0.125/—
诺氟沙星	S	I
氧氟沙星	S	—
环丙沙星	S	S
洛美沙星	S	—
左氧氟沙星	S	S
磺胺嘧啶	S	—
甲氧苄啶	R	I
头孢曲松	0.125/S	0.125/—
头孢克肟	0.25/S	0.25/—
氨苄西林	S	S
阿莫西林	R	—
阿莫西林 / 克拉维酸	128	8
氨曲南	0.125/S	0.125/—
亚胺培南	0.5/S	0.125/—
四环素	S	S

推荐用药

环丙沙星、左氧氟沙星、氨苄西林、四环素、诺氟沙星、阿奇霉素、头孢克肟、头孢曲松。

姓名：新宝

性别：雄

出生日期：2015 年 6 月 25 日

谱系号：949

地点：河北省保定市爱保野生动物世界有限公司

表 4-146　新宝肠道细菌耐药表

抗生素	柠檬酸杆菌	大肠埃希菌
红霉素	—	—
卡那霉素	S	S
庆大霉素	S	S
阿奇霉素	4/S	2/S
诺氟沙星	I	S
氧氟沙星	S	S
环丙沙星	S	S
洛美沙星	S	S
左氧氟沙星	S	S
磺胺嘧啶	R	S
甲氧苄啶	S	S
头孢曲松	0.125/S	0.25/S
头孢克肟	0.125/S	1/S
氨苄西林	R	R
阿莫西林	R	R
阿莫西林 / 克拉维酸	4	≥ 256
氨曲南	0.125/S	0.125/S
亚胺培南	0.5/S	0.5/S
四环素	S	S

推荐用药

卡那霉素、庆大霉素、阿奇霉素、氧氟沙星、环丙沙星、洛美沙星、左氧氟沙星、甲氧苄啶、头孢曲松、头孢克肟、氨曲南、亚胺培南、四环素、诺氟沙星。

姓名：华宝

性别：雄

出生日期：2015 年 6 月 25 日

谱系号：950

地点：河北省保定市爱保野生动物世界有限公司

表 4-147　华宝肠道细菌耐药表

抗生素	大肠埃希菌	柠檬酸杆菌
红霉素	—	—
卡那霉素	S	S
庆大霉素	S	S
阿奇霉素	1/S	2/S
诺氟沙星	S	I
氧氟沙星	S	S
环丙沙星	S	S
洛美沙星	S	S
左氧氟沙星	S	S
磺胺嘧啶	S	R
甲氧苄啶	R	S
头孢曲松	0.125/S	0.125/S
头孢克肟	0.125/S	1/S
氨苄西林	S	S
阿莫西林	S	S
阿莫西林/克拉维酸	2	8
氨曲南	0.125/S	0.125/S
亚胺培南	0.25/S	0.25/S
四环素	R	S

推荐用药

卡那霉素、庆大霉素、阿奇霉素、氧氟沙星、环丙沙星、洛美沙星、左氧氟沙星、头孢曲松、头孢克肟、氨苄西林、阿莫西林、氨曲南、亚胺培南、诺氟沙星。

姓名：文惠

性别：雌

出生日期：2015 年 7 月 27 日

谱系号：960

地点：河北省保定市爱保野生动物世界有限公司

表4-148　文惠肠道细菌耐药表

抗生素	大肠埃希菌	肠球菌
红霉素	—	R
卡那霉素	S	—
庆大霉素	S	—
阿奇霉素	2/S	0.125/—
诺氟沙星	S	I
氧氟沙星	S	—
环丙沙星	S	S
洛美沙星	S	—
左氧氟沙星	S	S
磺胺嘧啶	S	—
甲氧苄啶	R	I
头孢曲松	0.125/S	0.125/—
头孢克肟	0.125/S	0.125/—
氨苄西林	R	R
阿莫西林	R	—
阿莫西林/克拉维酸	4	4
氨曲南	0.125/S	0.125/—
亚胺培南	0.5/S	8/—
四环素	S	S

推荐用药

环丙沙星、左氧氟沙星、四环素、诺氟沙星、阿奇霉素、头孢曲松、头孢克肟。

姓名：耀耀

性别：雌

出生日期：2005 年 7 月 8 日

谱系号：601

地点：浙江省德清县珍稀野生动物繁殖研究中心

表 4-149　耀耀肠道细菌耐药表

抗生素	大肠埃希菌	克雷伯菌
红霉素	—	—
卡那霉素	S	S
庆大霉素	S	R
阿奇霉素	2/S	0.125/S
诺氟沙星	S	I
氧氟沙星	S	R
环丙沙星	S	R
洛美沙星	S	I
左氧氟沙星	S	S
磺胺嘧啶	S	R
甲氧苄啶	R	S
头孢曲松	0.125/S	4/R
头孢克肟	0.125/S	8/R
氨苄西林	I	S
阿莫西林	R	S
阿莫西林 / 克拉维酸	4	1
氨曲南	0.125/S	128/R
亚胺培南	0.25/S	2/I
四环素	S	S

推荐用药

卡那霉素、阿奇霉素、左氧氟沙星、四环素、诺氟沙星、洛美沙星、氨苄西林、亚胺培南。

姓名：运运

性别：雄

出生日期：2009 年 7 月 7 日

谱系号：742

地点：浙江省德清县珍稀野生动物繁殖研究中心

表 4-150　运运肠道细菌耐药表

抗生素	大肠埃希菌	肠球菌
红霉素	—	I
卡那霉素	S	—
庆大霉素	S	—
阿奇霉素	1/S	0.125/—
诺氟沙星	S	I
氧氟沙星	S	—
环丙沙星	S	S
洛美沙星	S	—
左氧氟沙星	S	S
磺胺嘧啶	S	—
甲氧苄啶	R	R
头孢曲松	0.125/S	4/—
头孢克肟	0.125/S	128/—
氨苄西林	S	S
阿莫西林	S	—
阿莫西林 / 克拉维酸	2	0.5
氨曲南	0.125/S	128/—
亚胺培南	0.25/S	0.5/—
四环素	S	S

推荐用药

环丙沙星、左氧氟沙星、氨苄西林、四环素、诺氟沙星、阿奇霉素、阿莫西林 / 克拉维酸、氨曲南、亚胺培南。

姓名：憨憨

性别：雄

出生日期：2012 年 8 月 21 日

谱系号：852

地点：山东省临沂市动植物园

表 4-151　憨憨肠道细菌耐药表

抗生素	大肠埃希菌	肠球菌
红霉素	—	I
卡那霉素	S	—
庆大霉素	S	—
阿奇霉素	2/S	0.5/—
诺氟沙星	S	I
氧氟沙星	S	—
环丙沙星	S	S
洛美沙星	S	—
左氧氟沙星	S	S
磺胺嘧啶	S	—
甲氧苄啶	S	I
头孢曲松	0.125/S	≥ 256/—
头孢克肟	0.125/S	128/—
氨苄西林	R	S
阿莫西林	R	—
阿莫西林 / 克拉维酸	4	0.5
氨曲南	0.125/S	128/—
亚胺培南	0.5/S	32/—
四环素	S	R

推荐用药

环丙沙星、左氧氟沙星、诺氟沙星、甲氧苄啶、阿奇霉素、氨曲南、亚胺培南、阿莫西林 / 克拉维酸。

姓名：团子

性别：雌

出生日期：2015 年 8 月 8 日

谱系号：967

地点：山东省临沂市动植物园

表4-152　团子肠道细菌耐药表

抗生素	大肠埃希菌	肠球菌
红霉素	—	I
卡那霉素	S	—
庆大霉素	S	—
阿奇霉素	1/S	0.125/—
诺氟沙星	S	I
氧氟沙星	S	—
环丙沙星	S	S
洛美沙星	S	—
左氧氟沙星	S	S
磺胺嘧啶	S	—
甲氧苄啶	R	R
头孢曲松	0.125/S	2/—
头孢克肟	0.125/S	32/—
氨苄西林	S	S
阿莫西林	S	—
阿莫西林/克拉维酸	1	4
氨曲南	0.125/S	128/—
亚胺培南	0.125/S	8/—
四环素	S	S

推荐用药

环丙沙星、左氧氟沙星、氨苄西林、四环素、诺氟沙星、阿奇霉素、头孢曲松、亚胺培南。

姓名：雅奥

性别：雄

出生日期：2004 年 8 月 13 日

谱系号：583

地点：上海市野生动物园发展有限责任公司

表 4-153　雅奥肠道细菌耐药表

抗生素	柠檬酸杆菌
红霉素	—
卡那霉素	S
庆大霉素	I
阿奇霉素	0.125/S
诺氟沙星	I
氧氟沙星	I
环丙沙星	I
洛美沙星	S
左氧氟沙星	S
磺胺嘧啶	R
甲氧苄啶	S
头孢曲松	2/I
头孢克肟	8/R
氨苄西林	S
阿莫西林	S
阿莫西林 / 克拉维酸	0.5
氨曲南	128/R
亚胺培南	0.5/S
四环素	S

推荐用药

卡那霉素、阿奇霉素、洛美沙星、左氧氟沙星、甲氧苄啶、氨苄西林、阿莫西林、亚胺培南、四环素、庆大霉素、诺氟沙星、氧氟沙星、环丙沙星、头孢曲松。

姓名：美茜

性别：雌

出生日期：2006 年 8 月 10 日

谱系号：631

地点：上海市野生动物园发展有限责任公司

表 4-154　美茜肠道细菌耐药表

抗生素	大肠埃希菌	肠球菌
红霉素	—	R
卡那霉素	S	—
庆大霉素	S	—
阿奇霉素	2/S	1/—
诺氟沙星	S	I
氧氟沙星	I	—
环丙沙星	I	S
洛美沙星	S	—
左氧氟沙星	S	S
磺胺嘧啶	S	—
甲氧苄啶	R	R
头孢曲松	0.125/S	0.125/—
头孢克肟	2/I	0.25/—
氨苄西林	I	S
阿莫西林	R	—
阿莫西林 / 克拉维酸	≥ 256	2
氨曲南	0.125/S	0.125/—
亚胺培南	0.5/S	0.125/—
四环素	S	S

推荐用药

左氧氟沙星、四环素、诺氟沙星、环丙沙星、氨苄西林、阿奇霉素、头孢曲松、头孢克肟、氨曲南、亚胺培南。

姓名：月月

性别：雄

出生日期：2016 年 10 月 4 日

谱系号：1052

地点：上海市野生动物园发展有限责任公司

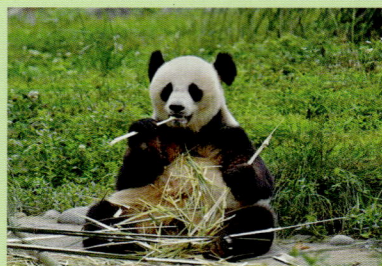

表 4-155　月月肠道细菌耐药表

抗生素	大肠埃希菌	肠球菌
红霉素	—	I
卡那霉素	S	—
庆大霉素	S	—
阿奇霉素	0.5/S	1/—
诺氟沙星	S	I
氧氟沙星	I	—
环丙沙星	I	S
洛美沙星	S	—
左氧氟沙星	S	S
磺胺嘧啶	R	—
甲氧苄啶	R	R
头孢曲松	0.125/S	≥ 256/—
头孢克肟	0.125/S	128/—
氨苄西林	R	S
阿莫西林	R	—
阿莫西林 / 克拉维酸	8	0.5
氨曲南	0.125/S	128/—
亚胺培南	0.25/S	64/—
四环素	R	S

推荐用药

左氧氟沙星、诺氟沙星、环丙沙星、阿奇霉素。

姓名：半半

性别：雌

出生日期：2016 年 10 月 4 日

谱系号：1053

地点：上海市野生动物园发展有限责任公司

表 4-156　半半肠道细菌耐药表

抗生素	肠杆菌	大肠埃希菌
红霉素	—	—
卡那霉素	R	S
庆大霉素	S	S
阿奇霉素	4/S	1/S
诺氟沙星	I	S
氧氟沙星	R	S
环丙沙星	I	S
洛美沙星	S	S
左氧氟沙星	S	S
磺胺嘧啶	R	S
甲氧苄啶	R	R
头孢曲松	0.125/S	0.125/S
头孢克肟	0.125/S	0.125/S
氨苄西林	R	S
阿莫西林	R	S
阿莫西林/克拉维酸	16	2
氨曲南	0.125/S	0.125/S
亚胺培南	0.5/S	0.25/S
四环素	R	S

推荐用药

庆大霉素、阿奇霉素、洛美沙星、左氧氟沙星、头孢曲松、头孢克肟、氨曲南、亚胺培南、诺氟沙星、环丙沙星。

姓名：思雪

性别：雌

出生日期：2006 年 7 月 22 日

谱系号：625

地点：上海市野生动物园发展有限责任公司

表 4-157　思雪肠道细菌耐药表

抗生素	大肠埃希菌	肠球菌
红霉素	—	R
卡那霉素	S	—
庆大霉素	S	—
阿奇霉素	16/S	0.125/—
诺氟沙星	S	I
氧氟沙星	S	—
环丙沙星	S	S
洛美沙星	S	—
左氧氟沙星	S	S
磺胺嘧啶	S	—
甲氧苄啶	S	R
头孢曲松	0.125/S	0.25/—
头孢克肟	0.125/S	0.125/—
氨苄西林	S	R
阿莫西林	R	—
阿莫西林 / 克拉维酸	≥ 256	8
氨曲南	0.125/S	0.125/—
亚胺培南	1/S	8/—
四环素	R	S

推荐用药

环丙沙星、左氧氟沙星、诺氟沙星、阿奇霉素、头孢曲松、头孢克肟、氨曲南。

姓名：芊芊

性别：雌

出生日期：2006 年 9 月 11 日

谱系号：650

地点：上海市野生动物园发展有限责任公司

表 4-158　芊芊肠道细菌耐药表

抗生素	大肠埃希菌	肠球菌
红霉素	—	I
卡那霉素	S	—
庆大霉素	S	—
阿奇霉素	0.125/S	1/—
诺氟沙星	S	I
氧氟沙星	S	—
环丙沙星	S	S
洛美沙星	S	—
左氧氟沙星	S	S
磺胺嘧啶	S	—
甲氧苄啶	S	I
头孢曲松	0.125/S	0.25/—
头孢克肟	0.125/S	0.25/—
氨苄西林	S	R
阿莫西林	S	—
阿莫西林/克拉维酸	0.125	4
氨曲南	0.125/S	0.125/—
亚胺培南	0.125/S	0.125/—
四环素	S	S

推荐用药

环丙沙星、左氧氟沙星、四环素、诺氟沙星、甲氧苄啶、阿奇霉素、氨曲南、亚胺培南。

姓名：公主

性别：雌

出生日期：1998 年 9 月 11 日

谱系号：477

地点：上海市野生动物园发展有限责任公司

表 4-159　公主肠道细菌耐药表

抗生素	劳特菌	肠球菌
红霉素	—	I
卡那霉素	S	—
庆大霉素	S	—
阿奇霉素	4/S	1/—
诺氟沙星	I	I
氧氟沙星	S	—
环丙沙星	S	S
洛美沙星	S	—
左氧氟沙星	S	S
磺胺嘧啶	R	—
甲氧苄啶	S	I
头孢曲松	0.125/S	128/—
头孢克肟	0.125/S	≥ 256/—
氨苄西林	R	S
阿莫西林	R	—
阿莫西林 / 克拉维酸	4	0.5
氨曲南	0.125/S	128/—
亚胺培南	0.25/S	32/—
四环素	R	S

推荐用药

环丙沙星、左氧氟沙星、甲氧苄啶、诺氟沙星、阿奇霉素。

姓名：丽丽

性别：雌

出生日期：2005 年 8 月 16 日

谱系号：611

地点：浙江省杭州市野生动物世界有限公司

表 4-160　丽丽肠道细菌耐药表

抗生素	大肠埃希菌	肠球菌
红霉素	—	I
卡那霉素	S	—
庆大霉素	S	—
阿奇霉素	0.5/S	0.125/—
诺氟沙星	S	I
氧氟沙星	I	—
环丙沙星	I R	S
洛美沙星	S	—
左氧氟沙星	S	S
磺胺嘧啶	R	—
甲氧苄啶	R	R
头孢曲松	0.125/S	4/—
头孢克肟	0.25/S	≥ 256/—
氨苄西林	R	S
阿莫西林	R	—
阿莫西林 / 克拉维酸	8	0.5
氨曲南	0.125/S	128/—
亚胺培南	0.25/S	32/—
四环素	R	S

推荐用药

阿奇霉素、左氧氟沙星、诺氟沙星。

姓名：喜乐

性别：雌

出生日期：2013 年 7 月 24 日

谱系号：877

地点：天津市动物园

表 4-161　喜乐肠道细菌耐药表

抗生素	克雷伯菌	大肠埃希菌
红霉素	—	—
卡那霉素	S	S
庆大霉素	S	S
阿奇霉素	4/S	1/S
诺氟沙星	I	S
氧氟沙星	S	S
环丙沙星	S	S
洛美沙星	S	S
左氧氟沙星	S	S
磺胺嘧啶	R	S
甲氧苄啶	S	R
头孢曲松	0.125/S	0.125/S
头孢克肟	0.125/S	0.125/S
氨苄西林	R	S
阿莫西林	R	S
阿莫西林 / 克拉维酸	4	1
氨曲南	0.125/S	0.125/S
亚胺培南	0.25/S	0.25/S
四环素	R	S

推荐用药

卡那霉素、庆大霉素、阿奇霉素、氧氟沙星、环丙沙星、洛美沙星、左氧氟沙星、头孢曲松、头孢克肟、氨曲南、亚胺培南、诺氟沙星。

姓名：婷婷

性别：雌

出生日期：2005 年 8 月 29 日

谱系号：618

地点：广东省广州市长隆集团有限公司

表 4-162　婷婷肠道细菌耐药表

抗生素	大肠埃希菌	肠球菌
红霉素	—	I
卡那霉素	S	—
庆大霉素	S	—
阿奇霉素	1/S	0.125/—
诺氟沙星	S	I
氧氟沙星	S	—
环丙沙星	S	S
洛美沙星	S	—
左氧氟沙星	S	S
磺胺嘧啶	S	—
甲氧苄啶	R	R
头孢曲松	0.125/S	8/—
头孢克肟	0.125/S	≥ 256/—
氨苄西林	S	S
阿莫西林	S	—
阿莫西林 / 克拉维酸	2	0.5
氨曲南	0.125/S	128/—
亚胺培南	0.125/S	32/—
四环素	S	S

推荐用药

环丙沙星、左氧氟沙星、氨苄西林、四环素、诺氟沙星、阿奇霉素。

姓名：梅清

性别：雌

出生日期：2002 年 7 月 12 日

谱系号：547

地点：广东省广州市长隆集团有限公司

表 4-163　梅清肠道细菌耐药表

抗生素	克雷伯菌	肠球菌
红霉素	—	I
卡那霉素	S	—
庆大霉素	S	—
阿奇霉素	2/S	0.125/—
诺氟沙星	I	I
氧氟沙星	S	—
环丙沙星	S	S
洛美沙星	S	—
左氧氟沙星	S	S
磺胺嘧啶	R	—
甲氧苄啶	S	R
头孢曲松	0.125/S	4/—
头孢克肟	0.125/S	≥ 256/—
氨苄西林	I	S
阿莫西林	R	—
阿莫西林 / 克拉维酸	4	0.5
氨曲南	0.125/S	128/—
亚胺培南	0.25/S	32/—
四环素	S	S

推荐用药

环丙沙星、四环素、氨苄西林、诺氟沙星、阿奇霉素、阿莫西林 / 克拉维酸。

姓名：隆隆

性别：雄

出生日期：2013 年 7 月 31 日

谱系号：878

地点：广东省广州市长隆集团有限公司

表 4-164　隆隆肠道细菌耐药表

抗生素	大肠埃希菌	肠球菌
红霉素	—	I
卡那霉素	S	—
庆大霉素	S	—
阿奇霉素	0.125/S	1/—
诺氟沙星	S	I
氧氟沙星	S	—
环丙沙星	S	S
洛美沙星	S	—
左氧氟沙星	S	S
磺胺嘧啶	S	—
甲氧苄啶	S	R
头孢曲松	0.125/S	≥ 256/—
头孢克肟	0.125/S	≥ 256/—
氨苄西林	S	S
阿莫西林	S	—
阿莫西林 / 克拉维酸	1	1
氨曲南	0.125/S	128/—
亚胺培南	0.125/S	64/—
四环素	S	S

推荐用药

环丙沙星、左氧氟沙星、氨苄西林、诺氟沙星、阿奇霉素、阿莫西林 / 克拉维酸、四环素。

姓名：友友

性别：雄

出生日期：2005 年 8 月 16 日

谱系号：613

地点：广东省广州市长隆集团有限公司

表 4-165　友友肠道细菌耐药表

抗生素	大肠埃希菌	肠球菌
红霉素	—	R
卡那霉素	S	—
庆大霉素	S	—
阿奇霉素	1/S	2/—
诺氟沙星	S	I
氧氟沙星	I	—
环丙沙星	I	S
洛美沙星	S	—
左氧氟沙星	S	S
磺胺嘧啶	R	—
甲氧苄啶	R	R
头孢曲松	0.125/S	0.125/—
头孢克肟	0.25/S	0.125/—
氨苄西林	R	R
阿莫西林	R	—
阿莫西林/克拉维酸	8	8
氨曲南	0.125/S	0.125/—
亚胺培南	0.25/S	8/—
四环素	R	S

推荐用药

左氧氟沙星、诺氟沙星、阿奇霉素。

姓名：银柯

性别：雄

出生日期：2009 年 7 月 16 日

谱系号：744

地点：广东省广州市长隆集团有限公司

表 4-166　银柯肠道细菌耐药表

抗生素	大肠埃希菌	肠球菌
红霉素	—	I
卡那霉素	S	—
庆大霉素	S	—
阿奇霉素	≥ 256/R	0.5/—
诺氟沙星	S	I
氧氟沙星	S	—
环丙沙星	S	S
洛美沙星	S	—
左氧氟沙星	S	S
磺胺嘧啶	S	—
甲氧苄啶	R	I
头孢曲松	0.125/S	64/—
头孢克肟	0.5/S	128/—
氨苄西林	S	S
阿莫西林	S	—
阿莫西林/克拉维酸	4	8
氨曲南	0.125/S	128/—
亚胺培南	0.25/S	64/—
四环素	S	S

推荐用药

环丙沙星、左氧氟沙星、四环素、诺氟沙星。

姓名：**帅帅**

性别：**雄**

出生日期：2014 年 7 月 29 日

谱系号：922

地点：广东省广州市长隆集团有限公司

表 4-167　帅帅肠道细菌耐药表

抗生素	大肠埃希菌	肠球菌
红霉素	—	I
卡那霉素	S	—
庆大霉素	S	—
阿奇霉素	1/S	1/—
诺氟沙星	S	I
氧氟沙星	S	—
环丙沙星	S	S
洛美沙星	S	—
左氧氟沙星	S	S
磺胺嘧啶	R	—
甲氧苄啶	R	R
头孢曲松	0.125/S	128/—
头孢克肟	0.125/S	128/—
氨苄西林	S	S
阿莫西林	S	—
阿莫西林 / 克拉维酸	2	1
氨曲南	0.125/S	128/—
亚胺培南	0.25/S	64/—
四环素	S	S

推荐用药

环丙沙星、氨苄西林、四环素、诺氟沙星、阿奇霉素、阿莫西林 / 克拉维酸。

姓名：酷酷

性别：雄

出生日期：2014 年 7 月 29 日

谱系号：923

地点：广东省广州市长隆集团有限公司

表 4-168　酷酷肠道细菌耐药表

抗生素	大肠埃希菌	肠球菌
红霉素	—	I
卡那霉素	S	—
庆大霉素	S	—
阿奇霉素	1/S	0.5/—
诺氟沙星	S	I
氧氟沙星	S	—
环丙沙星	S	S
洛美沙星	S	—
左氧氟沙星	S	S
磺胺嘧啶	S	—
甲氧苄啶	R	R
头孢曲松	0.125/S	≥ 256/—
头孢克肟	0.125/S	≥ 256/—
氨苄西林	S	S
阿莫西林	S	—
阿莫西林 / 克拉维酸	2	1
氨曲南	0.125/S	128/—
亚胺培南	0.25/S	32/—
四环素	S	R

推荐用药

环丙沙星、左氧氟沙星、氨苄西林、诺氟沙星、阿奇霉素、阿莫西林 / 克拉维酸、氨曲南、亚胺培南。

姓名：美生

性别：雄

出生日期：2003 年 8 月 19 日

谱系号：563

地点：广东省广州市长隆集团有限公司

表 4-169　美生肠道细菌耐药表

抗生素	大肠埃希菌	肠球菌
红霉素	—	I
卡那霉素	S	—
庆大霉素	S	—
阿奇霉素	1/S	0.125/—
诺氟沙星	S	I
氧氟沙星	I	—
环丙沙星	I	S
洛美沙星	S	—
左氧氟沙星	S	S
磺胺嘧啶	R	—
甲氧苄啶	R	R
头孢曲松	0.125/S	4/—
头孢克肟	0.125/S	≥ 256/—
氨苄西林	R	S
阿莫西林	R	—
阿莫西林 / 克拉维酸	8	1
氨曲南	0.125/S	128/—
亚胺培南	0.25/S	32/—
四环素	S	S

推荐用药

左氧氟沙星、四环素、诺氟沙星、环丙沙星、阿奇霉素。

姓名：悦悦

性别：雌

出生日期：2015 年 8 月 9 日

谱系号：969

地点：广东省广州市长隆集团有限公司

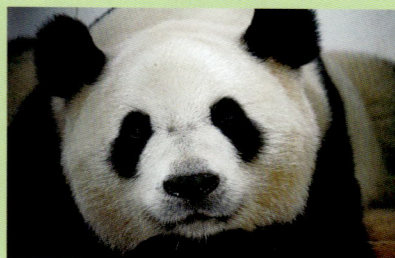

表 4-170　悦悦肠道细菌耐药表

抗生素	沙雷菌	大肠埃希菌
红霉素	—	—
卡那霉素	S	S
庆大霉素	S	S
阿奇霉素	4/S	1/S
诺氟沙星	I	S
氧氟沙星	S	S
环丙沙星	S	S
洛美沙星	S	S
左氧氟沙星	S	S
磺胺嘧啶	R	S
甲氧苄啶	S	R
头孢曲松	0.125/S	0.125/S
头孢克肟	0.125/S	0.125/S
氨苄西林	I	S
阿莫西林	R	S
阿莫西林 / 克拉维酸	8	16
氨曲南	0.125/S	0.125/S
亚胺培南	0.25/S	0.125/S
四环素	S	S

推荐用药

卡那霉素、庆大霉素、阿奇霉素、氧氟沙星、环丙沙星、洛美沙星、左氧氟沙星、头孢曲松、头孢克肟、亚胺培南、四环素、诺氟沙星、氨苄西林。

姓名：亲亲

性别：雄

出生日期：2016 年 10 月 9 日

谱系号：1054

地点：广东省广州市长隆集团有限公司

表 4-171　亲亲肠道细菌耐药表

抗生素	大肠埃希菌	肠球菌
红霉素	—	I
卡那霉素	S	—
庆大霉素	S	—
阿奇霉素	0.5/S	0.5/—
诺氟沙星	S	I
氧氟沙星	S	—
环丙沙星	S	S
洛美沙星	S	—
左氧氟沙星	S	S
磺胺嘧啶	S	—
甲氧苄啶	R	R
头孢曲松	0.125/S	128/—
头孢克肟	0.125/S	≥ 256/—
氨苄西林	S	S
阿莫西林	S	—
阿莫西林 / 克拉维酸	1	0.5
氨曲南	0.125/S	128/—
亚胺培南	0.25/S	32/—
四环素	S	S

推荐用药

环丙沙星、左氧氟沙星、氨苄西林、四环素、诺氟沙星、阿奇霉素。

姓名：爱爱

性别：雄

出生日期：2016 年 10 月 9 日

谱系号：1055

地点：广东省广州市长隆集团有限公司

表 4-172　爱爱肠道细菌耐药表

抗生素	大肠埃希菌	肠球菌
红霉素	—	I
卡那霉素	S	—
庆大霉素	S	—
阿奇霉素	0.5/S	0.125/—
诺氟沙星	S	I
氧氟沙星	S	—
环丙沙星	S	S
洛美沙星	S	—
左氧氟沙星	S	S
磺胺嘧啶	S	—
甲氧苄啶	S	R
头孢曲松	0.125/S	≥ 256/—
头孢克肟	0.125/S	≥ 256/—
氨苄西林	S	S
阿莫西林	I	—
阿莫西林 / 克拉维酸	2	0.5
氨曲南	0.125/S	1/—
亚胺培南	0.25/S	64/—
四环素	S	S

推荐用药

环丙沙星、左氧氟沙星、氨苄西林、四环素、诺氟沙星、阿奇霉素、氨曲南、阿莫西林 / 克拉维酸。

姓名：牧云

性别：雌

出生日期：2016 年 7 月 31 日

谱系号：1022

地点：吉林省东北虎园

表 4-173 牧云肠道细菌耐药表

抗生素	柠檬酸杆菌	肠球菌
红霉素	—	I
卡那霉素	S	—
庆大霉素	S	—
阿奇霉素	2/S	1/—
诺氟沙星	I	I
氧氟沙星	S	
环丙沙星	S	S
洛美沙星	S	
左氧氟沙星	S	S
磺胺嘧啶	R	
甲氧苄啶	S	R
头孢曲松	0.125/S	≥256/—
头孢克肟	1/S	≥256/—
氨苄西林	S	S
阿莫西林	S	—
阿莫西林/克拉维酸	4	0.5
氨曲南	0.125/S	128/—
亚胺培南	0.25/S	64/—
四环素	S	S

推荐用药

环丙沙星、氨苄西林、四环素、诺氟沙星、阿奇霉素。

姓名：初心

性别：雌

出生日期：2016 年 7 月 30 日

谱系号：1020

地点：吉林省东北虎园

表 4-174　初心肠道细菌耐药表

抗生素	大肠埃希菌	柠檬酸杆菌
红霉素	—	—
卡那霉素	S	S
庆大霉素	S	S
阿奇霉素	1/S	2/S
诺氟沙星	S	I
氧氟沙星	S	S
环丙沙星	S	S
洛美沙星	S	S
左氧氟沙星	S	S
磺胺嘧啶	S	R
甲氧苄啶	R	S
头孢曲松	0.125/S	0.125/S
头孢克肟	0.25/S	1/S
氨苄西林	S	S
阿莫西林	S	R
阿莫西林/克拉维酸	2	8
氨曲南	0.125/S	0.125/S
亚胺培南	0.25/S	0.25/S
四环素	R	S

推荐用药

卡那霉素、庆大霉素、阿奇霉素、氧氟沙星、环丙沙星、洛美沙星、左氧氟沙星、头孢曲松、头孢克肟、氨苄西林、氨曲南、亚胺培南、诺氟沙星。

5 展 望

　　大量研究表明，肠道微生物对大熊猫生理变化、营养、代谢及生长发育有着明显影响，与大熊猫发生疾病甚至死亡有着密不可分的联系，因而进一步研究大熊猫肠道微生物及其耐药性对大熊猫保护工作有着重要意义。我们将继续监测大熊猫肠道细菌对不同抗生素的耐药率，对多重耐药和交叉耐药的情况做进一步研究。一方面可以结合大熊猫行为学观察，研究大熊猫的行为、情绪表达、社交行为等，总结规律，阐明大熊猫肠道细菌的变化规律；另一方面，分离环境样本菌株，研究耐药菌的传播方式、特征，更重要的是开展耐药性消除等研究，为圈养大熊猫疾病控制提供有效的途径。

大熊猫的营养供给

大熊猫主要以采食竹子为主，精饲料和果蔬为辅。竹子品种主要有苦竹、方竹、刺竹、白夹竹、拐棍竹、方竹、毛竹等，精饲料主要由大米、玉米、黄豆、鸡蛋、矿物质等组成，果蔬一般有苹果、胡萝卜、红薯等。圈养大熊猫的饮用水通常为经处理过的山泉水或一般饮用水。

病例分析

大熊猫临床治疗过程中，合理使用抗生素非常重要，细菌培养和药敏试验是必不可少的。

1. 大熊猫"1#"，临床出现倦卧、嗜睡、食欲不振、腹痛、腹泻、呕吐。给予口服诺氟沙星胶囊，肌内注射头孢曲松钠，一个星期后完全康复。采集排泄物做细菌培养结果证实为大肠埃希菌，药敏试验证实对庆大霉素、左氧氟沙星、诺氟沙星、头孢类抗生素敏感。

2. 大熊猫"2#"，临床出现下颌肿大、化脓，精神、食欲无影响，体温略高，口服阿莫西林胶囊一周后未见好转，换服替硝唑和氨苄西林胶囊一周后有明显好转，药敏试验结果显示对阿莫西林耐药。

声　明

　　本研究中涉及的样品是在大熊猫健康状态下所采集的粪便，未使用任何活体样本，样品采集未对大熊猫个体及其他动物产生任何不良影响。

附　录

附表1　抗生素中英文缩写对照表

抗生素分类	化学名	英文全称	英文缩写
氨基糖苷类（aminoglycoside）	卡那霉素	kanamycin	KAN
	庆大霉素	gentamicin	GEN
大环内酯类（macrolide）	红霉素	erythromycin	ERY
	阿奇霉素	azithromycin	AZM
喹诺酮类（fluoroquinolone）	诺氟沙星	norfloxacin	NOR
	氧氟沙星	ofloxacin	OFX
	环丙沙星	ciprofloxacin	CIP
	洛美沙星	lomefloxacin	LOM
	左氧氟沙星	levofloxacin	LEV
磺胺类（sulfonamide）	磺胺嘧啶	sulfadiazine	S_3
	甲氧苄啶	trimethoprim	TMP
β－内酰胺类（β-lactam）	头孢菌素类（cephalosporin）头孢曲松	ceftriaxone	CRO
	头孢克肟	cefixime	CFM
	青霉素类（penicillin）氨苄西林	ampicillin	AMP
	阿莫西林	amoxicillin	AMX
	β－内酰胺类/β－内酰胺酶抑制剂（β-lactam/β-lactamase inhibitor）阿莫西林/克拉维酸	amoxicillin-clavulanate	AMC
	单环β－内酰胺类（monolactum）氨曲南	aztreonam	ATM
	碳青霉烯类（carbapenems）亚胺培南	imipenem	IPM
四环素类（tetracycline）	四环素	tetracycline	TE

参考文献

[1]CLSI.Performance Standards for Antimicrobial Susceptibility Testing:CLSI supplement M100[S].29th ed.Wayne,PA:Clinical and Laboratory Standards Institute,2019.

[2]GUO L, LONG M, HUANG Y, et al.Antimicrobial and disinfectant resistance of *Escherichia coli* isolated from giant pandas[J].Journal of Applied Microbiology,2015, 119(1): 55–64.

[3] 郭莉娟，何雪梅，邓雯文，等．大熊猫源大肠杆菌及肺炎克雷伯氏菌对消毒剂耐药性研究 [J]. 四川动物，2014, 33(6): 801–807.

[4] 李蓓，郭莉娟，龙梅，等．圈养大熊猫肠道微生物分离、鉴定及细菌耐药性研究 [J]. 四川动物，2014, 33(2):161–166.

[5]CASALI N, NIKOLAYEVSKYY V, BALABANOVA Y, et al. Microevolution of extensively drug-resistant tuberculosis in Russia[J].Genome Research, 2012, 22(4):735–745.

[6]ALCAINE S D, WARNICK L D, WIEDMANN M.Antimicrobial resistance in Nontyphoidal Salmonella[J].Journal of Food Protection,2007,70(3):780–790.

[7]TROTT D.β-lactam resistance in gram-negative pathogens isolated from animals[J]. Current Pharmaceutical Design,2013,19(2):239–249.

[8]CHEN W,FANG T,ZHOU X,et al.IncHI2 Plasmids Are Predominant in antibiotic-resistant Salmonella isolates[J].Frontiers in Microbiology,2016,7:1566.

[9]BISWAS R,PANJA A S,BANDOPADHYAY R.Molecular mechanism of antibiotic resistance:the untouched area of future hope[J].Indian Journal of Microbiology,2019,59(2):254–259.

[10]MURAKAMI S,NAKASHIMA R,YAMASHITA E,et al.Crystal structure of bacterial multidrug efflux transporter AcrB[J].Nature,2002,419(6907):587–593.

[11]PAULSEN I T.Multidrug efflux pumps and resistance:regulation and evolution[J]. Current Opinion in Microbiology,2003,6(5):446–451.

[12]LIU X Q,BOOTHE D M,THUNGRAT K,et al.Mechanisms accounting for

fluoroquinolone multidrug resistance *Escherichia coli* isolated from companion animals[J]. Veterinary Microbiology,2012,161(1/2):159–168.

[13]REN L,DENG L H,ZHANG R P,et al.Relationship between drug resistance and the clustered, regularly interspaced, short, palindromic repeat-associated protein genes cas1 and cas2 in *Shigella* from giant panda dung[J].Medicine(Baltimore),2017,96(7):e5922.

[14] 项潇, 马月伟, 余丽丽, 等. 国内大熊猫栖息地研究进展 [J]. 四川林业科技,2018,39(6):31–35.

[15] 黄道超. 大熊猫 γ- 干扰素基因克隆、原核表达及真核表达载体构建 [D]. 雅安: 四川农业大学,2007.

[16] 曾瑜虹, 王红宁, 刘立, 等. 大熊猫源大肠杆菌的分离鉴定和耐药性检测 [J]. 中国兽医杂志,2008,44(3):30–31.

[17] 俞道进, 陈玉村, 修云芳, 等. 熊猫源性高水平耐氨基糖苷类肠球菌耐药表型及基因型研究 [C]// 中国动物园协会.2010 大熊猫繁育技术委员会年会论文集. 福州: 中国动物园协会,2010:219–230.

[18] 严悦, 赵传武, 张义正, 等. 一株大熊猫肠道耐药性细菌基因组的分析 [C]// 中国遗传学会.2012 年第五届全国微生物遗传学学术研讨会论文集. 重庆: 中国遗传学会,2012:48.

[19] 李蓓, 李旭林, 郭丽娟, 等. 大熊猫肠道大肠杆菌的分离、鉴定及其耐药性分析 [J]. 西南农业学报,2012,25(3):1109–1113.

[20] 高彤彤. 大熊猫粪便及环境中大肠杆菌耐药性和质粒介导 ESBLs 酶耐药基因检测 [D]. 雅安: 四川农业大学, 2014.

[21] 郝中香, 廖红, 刘丹, 等. 不同生境大熊猫源肠球菌耐药性分析 [J]. 四川动物,2015,34(5):641–649.

[22] 闫国栋, 刘颂蕊, 侯蓉, 等. 大熊猫粪源大肠杆菌耐药性及整合子研究 [J]. 四川动物,2015,34(4):489–493.

[23] 杨慧萍, 马清义, 高睿. 大熊猫源双歧杆菌分离株的培养特性及药敏试验 [J]. 动物医学进展,2015,36(6):171–173.

[24] 李进, 钟志军, 苏怀益, 等. 大熊猫肠道芽孢杆菌的分离鉴定及部分生物学特性 [J]. 微生物学通报,2016,43(2):351–359.

[25] 刘晓强, 李芳娥, 杨鹏超, 等. 体外诱导大熊猫大肠埃希菌对普多沙星的耐药性

及其机制研究 [J]. 西北农林科技大学学报 (自然科学版),2017,45(3):68–74.

[26] 覃振斌 , 侯蓉 , 林居纯 , 等 . 圈养大熊猫粪便源和环境源大肠杆菌质粒介导 β _ 内酰胺类酶耐药基因的检测 [J]. 中国农业大学学报 ,2018,23(3):69–74.

[27]ZHAO S Y,LI C W,LI G,et al.Comparative analysis of gut microbiota among the male, female and pregnant giant pandas (Ailuropoda Melanoleuca)[J].Open Life Science,2019,14:288–298.

[28] 邓雯文 , 李才武 , 赵思越 , 等 . 大熊猫源致病大肠杆菌 CCHTP 全基因组测序及耐药和毒力基因分析 [J]. 遗传 ,2019,41(12):1138–1147.

[29]BOEDEKER N C,WALSH T,MURRAY S,et al.Medical and surgical management of severe inflammation of the nictitating membrane in a giant Panda(Ailuropoda Melanoleuca)[J].Veterinary Ophthalmology,2010,Suppl 13:109–115.

[30]YANG S Z,GAO X,MENG J H,et al.Metagenomic analysis of bacteria, fungi, bacteriophages, and helminths in the gut of giant pandas[J]. Frontier in Microbiology, 2018, 9:1717.

[31]ZHANG A Y,WANG H N,TIAN G B,et al.Phenotypic and genotypic characterisation of antimicrobial resistance in faecal bacteria from 30 giant pandas[J]. International Journal of Antimicrobial Agents,2009,33(5):456–460.

[32] 晋蕾 , 周应敏 , 李才武 , 等 . 野化培训与放归、野生大熊猫肠道菌群的组成和变化 [J]. 应用与环境生物学报 ,2019,25(2):344–350.

[33] 何永果 , 晋蕾 , 李果 , 等 . 基于高通量测序技术研究成年大熊猫肠道菌群 [J]. 应用与环境生物学报 ,2017,23(5):771–777.

[34] 晋蕾 , 邓晴 , 李才武 , 等 . 幼年大熊猫断奶前后肠道微生物与血清生化及代谢物的变化 [J]. 应用与环境生物学报 ,2019,25(6):1477–1485.

[35] 赵思越 , 李才武 , 杨盛智 , 等 . 大熊猫肠道噬菌体的多样性 [J]. 应用与环境生物学报 ,2020:1–17.

[36]LI R Q,ZHU H M,RUAN J, et al.De novo assembly of human genomes with massively parallel short read sequencing[J].Genome Research,2010,20(2):265–272.

[37]LI R Q,LI Y R,KRISTIANSEN K,et al.SOAP:short oligonucleotide alignment program[J].Bioinformatics,2008,24(5):713–714.

[38]BRETTIN T,DAVIS J J,DISZ T,et al.RASTtk:a modular and extensible implementation

of the RAST algorithm for building custom annotation pipelines and annotating batches of genomes[J].Scientific Report,2015,5:8365.

[39]THOMAS M,FENSKE G J,ANTONY L,et al.Whole genome sequencing-based detection of antimicrobial resistance and virulence in non-typhoidal *Salmonella enterica* isolated from wildlife[J].Gut pathogens, 2017,9:66.

[40]LINHARES I,RAPOSO T,RODRIGUES A,et al.Frequency and antimicrobial resistance patterns of bacteria implicated in community urinary tract infections:a ten-year surveillance study (2000—2009)[J].BMC Infectious Diseases,2013,13:19.

[41]NACCACHE S N,FEDERMAN S,VEERARAGHAVAN N,et al.A cloud-compatible bioinformatics pipeline for ultrarapid pathogen identification from next-generation sequencing of clinical samples[J].Genome Research,2014,24(7):1180–1192.